早年重病，十年未愈，浴火重生后，
她带领上万学员踏上身心疗愈之路，迄今已十年

# 轻断食

## 一本适合中国人的轻断食疗愈手册

**唤醒自愈力　温暖身心灵**

### 一场关于生命与健康的觉醒之旅

资深轻断食导师
心乐厨房创始人

陈春仪 · 著

江西科学技术出版社

**图书在版编目（ＣＩＰ）数据**

轻断食 / 陈春仪著 . —南昌：江西科学技术出版
社 , 2020.8
　　ISBN 978-7-5390-7029-2

　　Ⅰ . ①轻… Ⅱ . ①陈… Ⅲ . ①减肥—食谱 Ⅳ .
① TS972.161

　　中国版本图书馆 CIP 数据核字 (2019) 第 248767 号

国际互联网（Internet）地址：
http：//www.jxkjcbs.com
选题序号：ZK2019313
图书代码：B19257-101

**轻断食**　　　　　　　　　　　　　　　　　　　　陈春仪　著

| | | |
|---|---|---|
| 出版发行 | 江西科学技术出版社 | |
| 社　　址 | 南昌市蓼洲街 2 号附 1 号 | 邮编：330009 |
| | 电话：0791-86624275 | 传真：0791-86610326 |
| 经　　销 | 各地新华书店 | |
| 印　　刷 | 深圳市金丽彩印刷有限公司 | |
| 开　　本 | 710mm×960mm　1/16 | |
| 字　　数 | 294 千字 | |
| 印　　张 | 21 | |
| 版　　次 | 2020 年 8 月第 1 版　2020 年 8 月第 1 次印刷 | |
| 书　　号 | ISBN 978-7-5390-7029-2 | |
| 定　　价 | 68.00 元 | |

赣版权登字 –03-2020-243

**亲爱的读者：**

很开心能够以书会友，经由这本书与你隔空"相见"。或许你我只是擦肩而过，又或许我们会因这本书而成为知己，无论是何种缘分，都希望本书能带给你非凡的体验。其实非凡的并不是这本书，而是"你"本身。我们每个人看起来都很平凡，但是我相信在平凡中存在着非凡的潜质——那种可以掌控自己人生的非凡能力！

我们总以为生活中的一切都由外界所左右，其实不然，我们也可以选择做自己人生的掌舵者，掌控生命的航向，驶向心中的目标！

这本书就是我自己的"航行历险记"。多年前，我的"生命之船"迷失了方向，撞破进水，而我"流浪"到了一个"荒岛"，在那里一个人"住"了十多年。尝试过多种办法后，我发现了一种全新的生存方式，还把撞破的"船"修好，重新起航。

十八年后的今天，我把这艘"船"开回我的祖国，和大家分享我的"历险记"。希望我的故事能带给你收获和启发，带给你对生活与生命的全新认知，开启另一种你从未体验过的、高能量的生命模式！

感谢你拿出宝贵的时间阅读本书。深深地祝福你身心健康！

陈春仪（Lulu C.）

2019年8月16日于广州

推荐序一

**文 / 欧阳晶**

金字塔灌肠器发明人
食品营养/医学营养硕士

## 轻断食让每个细胞活起来

如今，医学科技日新月异，但罹患各种疾病的人却是有增无减。为什么科技与经济的发展没有给人们的健康带来正面的影响呢？为什么每到换季的时候，医院或诊所都挤满了病人呢？

我们生活在这21世纪高科技的时代里，但是食物、空气、水等方面的污染与剧变，以及生活作息的不正常，使人们饱受各种毒素的侵害。这些毒素超出人体自愈系统的承载限度，累积在身体里，引发了各种不同的慢性疾病。慢性病造成的重病患者比例逐年增大，且年龄已趋向年轻化了。

至今已发展了数百年的西方医学，目前也需要重新思考发展方向，因为对于有些慢性疾病，西医已无法真正提供解决方法。越来越多的人认识到，吃药、打针通常只能控制疾病，但不能达到痊愈的目的。这也让我们开始对食物、水、气候、环境、生活作息、体内排毒、饮食方式（包括蔬果汁断食、轻断食等）等与疾病之间的关联性，越来越有不同的看法和解读。

西医鼻祖希波克拉底（Dr. Hippocrates）说过："你才是你自己的医生。"但不同毒素的累积，让我们自己没有能力当自己的医生了，所以解毒、排毒便成为重拾健康的首要工作。其中，轻断食排毒法便是通往健康的一条捷径。

第一次与本书作者Lulu老师较近距离地接触，是在她就有关我研发的金字塔灌肠器和多功能彩瓶来采访我的时候。因为我的先生是德国人，所以我对德国文化、语言有深入的接触。当了解到Lulu老师和我一样曾在德国念书，也会讲德语时，倍感亲切与好感。第二次更深入地了解她后，才知道她为何如此执着地研发和推广轻断食——因为她自身就是轻断食的受益者，而且生了一个可爱又聪明的儿子，她的第二个宝宝也快呱呱坠地了。

"食物就是最好的医药"是西方国家流传很久的一句话。这本《轻断食》让我们有机会再度认识蔬菜、水果、有机野生食物对于身体健康的重要性，也让我们慢慢了解到它们对情绪也有相当的影响力，并开启我们的灵性与事物之间的内在连接。

阅读本书后，你会开始用崭新的观点看待蔬菜、水果，发现自己开始对大地母亲提供的所有天然食物都会有着兴奋与感恩之心。本书还提供了简单美味的料理食谱。

本书具有相当的可读性，因为作者借用很多成功的案例，对轻断食进行了深入且具体的解读。除轻断食的方法外，书中还讲解了正确的净化肠道法（灌肠）及其他不同的疗法（如音乐、冥想等）。只有身、心、灵全面提升，才可以真正拾回健康。

希望本书能够帮助需要相关疾病互补另类疗法（轻断食）信息的读者得到自己所需要的正确信息。

推荐序二 | **陈子贤博士**

自然医学医生
形协国际·身心宁自然疗法学院 院长
澳大利亚国立综合医学院 客席教授
美国程序医学院 自然医学专科考官
香港注册综合疗法医学会 理事及学术评委主席

# 简明易懂的指导，助你活出平衡、绿色的健康人生！

自古以来，人类先哲在食疗、断食和人体自愈功能方面为我们留下了珍贵的知识。甘地等圣贤人物，以及不同的宗教思想，都主张以节制饮食和有智慧的断食来调节身心。希尔顿·赫特玛在其著作《人本食气》中更论述到人类社会从古文明食气的人神合一，逐步演化为后期杂食的身心失衡，最终沦落为迷失方向的近代文明。当今人类充满不良、偏颇、失衡和失调的生活习性，亟需有心、有知识的智者重新启悟、开启清泉！

Lulu是一位我非常欣赏的断食专家和身心灵疗法实践者。留学英国、德国等多地的她现居中国内地，为了修读"综合自然医学"课程、完善自身的知识体系，即使怀着宝宝，也多次来香港上课，求道心可嘉。得知Lulu研究多年的断食著作即将推出，我欣喜不已！希望本书惠及更多读者，令各位在其简明易懂的指导下，活出平衡、绿色的健康人生！

推荐序三 ┃ **陈春慧**

香港大学医学系硕士
瑞士伯尔尼大学生物医疗科学博士
瑞士联邦材料试验和科研研究所博士后
瑞士儿童癌病组织　质控经理

## 轻松优化饮食习惯，和食物谈恋爱！

现今的西方医学大都以对症治疗、减轻病症为主，见效快，但副作用多。虽然很多手术令病人实时见好，但长远的负面影响比原病症更甚，只是病人可能要多年后才能发觉。我曾经因胃酸过多导致胃痛，服食氢离子帮浦阻断剂后胃痛即大为好转，但长久之后胃不再制酸，又造成消化失衡，进而引发营养不良，最后竟然是每天早上一杯柠檬醋治愈了我的肠胃。

虽然西方医学不断进行大量科研以期达到长远治疗效果，但最终临床有效的疗法却少之又少。

身为Lulu的二姐，我再清楚不过她如何由一个幼儿园小霸王，到迷失于灯红酒绿之间，再到沦陷于疾病，直至独自体会出一套自愈方法，如同一只浴火重生的凤凰，重新活出自我！这当中经历了多少痛苦、绝望与沮丧，若非经历过长期病患，实难感同身受！

历经对多国轻断食疗法的实践和18年来的不断改进，Lulu用浅显幽默的文笔诠释了一套适合中国人且简单易行的食疗系统，带领我们走向身心健康、和谐满足的生活。

在欧洲，有机、轻食（轻断食）、素食是非常普遍的饮食习惯，将这些习惯直接运用到中国人身上似乎与国情不完全符合，但经作者改进和重新释义后，大家都可以轻轻松松地优化饮食习惯，和食物谈恋爱！

推荐序四 | **康艳丽**

欣和禾然有机事业部总监
浙江省有机产业协会副秘书长
国家二级营养师

## 轻断食，食物的魔力

在 Lulu 这本书出版之前，我刚刚结束她的肝胆净化课程，惊讶于自己的变化，也更理解了 Lulu 多年坚持推广轻断食健康疗法的原因。

与 Lulu 结缘于 8 年前，相知是因为对于健康饮食理念的共鸣和坚持。我曾经称呼她是"外星来的美食家"：食物在她这里，就像被施了魔法，多元的创意混搭综合了来自世界各地的味道，带着来自土地和 Lulu 的能量，传递给身边的每个人。食物与我们相伴一生，我们通过食物享受生命的美好，但是不合理的饮食习惯也会给身体带来负面的影响，比如超负荷的食物摄取就是导致身体亚健康的因素之一。Lulu 的轻断食疗法，即通过减少食物的摄取，增加优质的食物养分，让身体得以休养生息，恢复甚至是重启身体的自愈能力。《轻断食》这本书，帮我们打开了运用食物的智慧之门，我们可以学习到轻断食简易却又不简单的方法，从音乐冥想中放松并撷取更多灵感，在轻断食的食谱中愉悦身心，感知来自土地的心意，感恩食物生产者的辛苦，感受家人的温暖。如果你希望达到更健康的生命状态，可以跟随 Lulu 进一步学习。当我们与身体讲和，圆融地对待它，懂得它的情绪，有节奏地让它休息时，我们就能够恣意地在生命的长河中徜徉。

"You are what you eat." 跟着Lulu学习轻断食"魔法"，与食交手，与己讲和。

## 生病是一种恩典

在很小的时候，我就梦想着去欧洲读书。17岁那年，我瞒着家人报考了一个英国交换生项目，被顺利录取了。回家后，我兴高采烈地把这个消息告诉爸妈，但他们听了并不开心，因为我们家很穷，根本负担不起留学的费用。可是我已经拿到了部分奖学金，只需要6万港币就可以去英国读高中了！于是我开始天天哭，天天闹，终于在上吊之前我妈把支票给我了。

前往英国的时候，我妈气得根本没去送我，我自己却高高兴兴地带着一个电饭锅准备去冒险了！

到了英国之后，我才发现，一切都和我的想象相距甚远，没有电影里的蓝天，月亮也没有特别地圆。当时我寄住在一户英国人的家里。这个家在一个偏远的小村庄里，村子里只有300多人，离镇上很远，每天只有一趟公交车，不准时且不说，有时候还不来。走出家门，直面的就是田野，看到的就是牛羊。

语言不通，文化不同，交流上的障碍让我苦闷不已。好在我寄住的家庭父母对我特别好，他们每天都会开车送我上学、接我放学。下午到家后，寄住妈妈还会把晚饭做好等着我。但是英国的食物实在是令人难以恭维，样式单一，且热量巨高，每天都是炸鱼薯条和啤酒。这些垃圾食品，让我一年胖了20公斤。

回想起刚到英国的那段时光，体验实在太差了。我从精神的天堂里，直接掉到了现实的地狱中。对于17岁的我来说，这一切都太出乎意料了，精神和肉体都严重地水土不服。因为学校里绝大多数是英国人，我很难交到知心朋友，跟谁都没法深入交流。每次家里人打来电话的时候，说不到半小时我的嘴巴就已经累得不行了，因为两种语言所需要的口腔肌肉运动习惯完全不一样。疲惫和苦闷渐渐地侵蚀着我。

为了振作起来，我努力融入我的同学的世界。我开始积极地跟着他们一起去酒吧和舞厅，把酒当成水一样狂饮，穿衣也模仿英国女孩子的习惯，大冬天袒胸露背。在学校里，我还悄悄地暗恋了一位有着巴赫卷发的师兄，可惜人家没看上我。还没开始恋爱，我就已经失恋了……

在学校里，我的成绩一般般。英文肯定不能跟英国人比，却还选修了德语、西班牙语——我想用上进和压力，把自己从封闭的空间里逼出来。

但是，这并不是一个好的办法，用更大的压力去减压，用错误去改变错误，只会雪上加霜。我那时并没有意识到，这些压力不是当时的我所能承受的。

每次考试，都只是勉强及格，这让我的自尊心大受挫伤。在这种身心疲惫的状态下，我强撑了一年多，然后，恶果就出现了。

19岁那一年，我的身体状况更加糟糕，感觉自己像90岁的老太太一样，走路双膝发软，好像随时都要跌倒，要扶着墙才能走，半夜不停地起来上厕所。我好害怕自己得了什么绝症，但在英国看医生，他们却查不出什么问题，只是给我做做物理治疗，并叫我开始游泳，以期康复。

那时候，我知道吃药的危害太大，就没有再胡乱吃，而是听从了医生的建议，开始学习游泳。我跟一帮老太太一起学游泳，10年来，每天坚持游1千米。可是每次游泳也只能暂时地缓解我的痛楚，并不能从根本上解决问题。我能坐着的时间变得越来越短，大概坐半小时腰就会很酸，肩颈也很痛，必须马上躺下来。身体状况每况愈下。

19岁高中毕业后，我想去德国读大学。那是我真正的梦想。15岁的时候，我就在杂志上看到过一些德国中世纪时期的图片，超级梦幻。当时我心想：如果一辈子能够去德国留学一次，人生才算是完美吧。如今身在欧洲，男朋友又是德国人，我去德国的想法就更强烈了。

几番努力后，我被德国的一所名校——弗莱堡大学录取了。当时我心花怒放，没想到自己成绩那么差，居然都能被录取！太开心了！简直无法想象！以我如此之差的学业成绩，怎么会被录取呢？我的录取，纯属幸运。

可是这份幸运带给我的开心很快就被身体的疼痛取代了。每天持续的疼痛让我觉得自己活不过一年的时间。拿到录取信的那一刻，我既开心又伤心，觉得与梦想相距咫尺，却远似天涯。

暑假回香港的时候，家里人很担心我的身体，一天到晚带我去看各种医生。大医院的医生，小弄堂里的老中医，民间的魔法师，我都领教过了。大姐让我咬着毛巾给我用拍打法，打到遍体鳞伤，我眼泪都快流干了，却还是不管用。

有一回他们实在都没办法了，就带我去找一个所谓的民间高人，把我体内的毒素给吸出来。我们走进一个灯光昏暗的小店里，一位老阿姨招呼我，一边叫我脱衣服，一边说："没事的，很快的哈，小姑娘，不害怕。"她拿来一些热的药酒开始涂在我的背后，拿了一个据说是用头发做的小刷子开始用力擦我的表皮。一开始我还没感觉到什么，后来表皮随着她力度的加大而被撕破，我就开始觉得好痛，但是我家人在两边抓着我的手不让我动，我像疯子一样地叫唤也没用。擦到最后，医生还拿了一些很烫的药膏贴在我的身上，那一瞬间，我简直像进了炼狱一样，整个后背仿佛被火在烧，疼得我死去活来。但是这种疗法和拍打法一样，完全无效。

回到德国，我又进入了无边无际的疼痛中，每天的日常起居都让我觉得很吃力：吃一顿饭感觉像跑了几公里路，必须躺下来休息一下；洗一次碗感觉就像健身了一小时，又要躺下来休息。我忍不住又去看医生，当时心里十分害怕：万一查出来有绝症的话，学校是否会要求我退学呢？去了一些小诊所，也没什么效果，都是给我开止痛药、做物理治疗与运动治疗，并且让我穿一些矫正体形的服具。

在进行这些西式治疗的同时，我也定期会收到家里寄过来的中药茶，每次都是20公斤的一大箱，弄得家里像个中药馆一样。

尽管尝试了这么多治疗方法，我的痛症却从未减轻。我决定去大医院看看，如果真的得了什么绝症，我也想知道它的名字，好让我死得安乐。

我每次许愿都会成真（除了买彩票以外）。进了大医院，果然不一样：齐全的科室，专业的医护人员，一台又一台的仪器，一项又一项的检查……

结果出来了，果然让人"满意"。我的痛终于有名字了！它叫"多发性硬化症"，是一种免疫系统自我攻击的疾病，得了这个病的人三分之一都会瘫痪。我当时也离瘫痪不远了，每天可连续活动的时间不超过半小时，手指经常不受控制地自己动，我已经无法控制我自己的身体了。

拿到报告的瞬间，我感觉自己释怀了，我终于知道是怎么回事了！我得了一种无法治愈的神经病，而且它的名字很长——Multiple Sclerosis，简称MS。我问医生："有什么办法吗？"年轻帅气的医生说："你的胸椎受这个病的影响有点歪，我建议放一根金属进去扶持一下。"我害怕又兴奋地问："这样子就不会痛了吗？"现在回想自己的提问，真是天真又无知。医生一本正经地说："这个就不知道了，可能会，也可能不会。"也就是说，这是一次赌博，而且赌博的结果是我可能一辈子都无法正常弯腰了。

医生叫我在外面大堂等着。我坐在大堂时看着那张报告单，实在无法接受医生的建议，也无法接受自己得了这个病。我觉得如果我想活下去，一定要找其他办法。于是我勇敢地把那张报告单扔到了垃圾桶里，去寻找其他办法。

回到家，我看到二姐（瑞士生物医学博士）寄给我的瑜伽光碟。她那时候正好在瑞士留学，研究的题目和我的疾病很相似。我跟她通了个电话，她说："没其他办法的，要么做手术，要么试试做瑜伽吧。"她虽然不是佛教徒，但是从小在佛教学校上学，所以寄给我一些佛教的音乐和读物，其他也没说什么。她是科学家，不善言辞。我也没有其他办法，只好什么都试试看。

当时我一直遵照着一位民间医生的建议吃素。他收了我昂贵的医药费，其实除了叫我吃素、忏悔以外也没有其他有含金量的建议了。但是回想起来，吃素和忏悔让我的思维模式有了一个重大的改变：因为需要刻意去选择能吃和不能吃的食物，所以我对自己的思想与行为有了全新的认知与觉知；忏悔也真的让我看到原来自己做了这么多对别人和自己都不好的事情，难怪要受到惩罚（意识到自己的罪过，也越来越甘于被受苦）。这样的一种思维模式的转变让肉体的痛楚开始减轻，因为心已经没那么痛了。

我从医院出来后，就开始天天听《心经》、看二姐帮我从香港订阅的一本现代佛法的生活杂志《人间温暖》、游泳、练瑜伽、学跳舞、练功夫、吃素。就这样7年过去了，我的病虽然没有痊愈，但也没有恶化。我每天的锻炼时间加起来有4~5个小时，快比得上一位职业运动员了。我这个病很奇怪的，一动就不痛，静下来就开始痛。所以我不得不过上一种完全停不下来的生活，泳衣永远在我书包里，每到课间我就骑车去游泳。我大学8年的生活基本就是在图书馆、游泳池、舞蹈室、瑜伽室和武馆度过。

7年过去，我竟已忘了我要彻底治愈的欲望，只是日复一日地去做我该做的运动、吃素、念经忏悔。没想到在我将要准备研究生毕业论文时，上天又给了我一个新的希望与友善的礼物。因为我读的是罗马语系研究（Romances Studies），主修西班牙语和法语，所以做毕业论文就选择了去西语区域的南美洲研究当地的华人文化。

经朋友介绍，我在阿根廷首都布宜诺斯艾利斯租了一个小房间。房东是一位来自马来西亚的华侨。经过交流，他得知我患有严重的疾病，某天早上便在我卧室门口放了一本蓝色的硬皮书——姜淑惠医生的《健康之道》[1]。《健康之道》这薄薄的小册子里蕴含了太多玄机，我一字一句地认真读了三遍，同时难以想象自己竟然会到世界的尽头（接近南极）来看一本繁体字的助印小册子！

这本书里面所讲的内容是我从来没有听过的。我一边看，一边怀疑（虽然我在直觉上认为里面所说的都是对的！姜医生有大量的临床经验可做证明）——书中说，食物原来还分性格的！

心想："什么？！食物也有性格？！"

"对的，和人一样有性格的！而且我们是可以通过摄入不同性格的食物来改造我们的！"

"骗人的吧！"

因为在德国受到过科学的训练，我的理智并不会立刻臣服于直觉。书中不仅说到这种简单有效的饮食法可以缓解，甚至根治很多的疾病，更提到一句——"透过断食，我们在身体里面制造一个燃烧的垃圾场，将体内的垃圾透过自我燃烧把它化解掉，并利用种种方式将它溶释出来。"

读到关于断食那句话我就开始疯狂了！我7年来的每一天每一秒都恨不得把身体里所有的垃圾都燃烧掉！我在阿根廷的时候也去看过不同的医生，而且还跟一位自然疗法老师学习尿疗，总之各种能够缓解身体痛楚的方法基本都被我试过了，所以我觉得我也可以试试"断食"这个方法。反正我也活不了多久，不妨试试看，不就是饿一下肚子吗？反正我觉得自己活着也很痛苦，也许饿死还更舒服。万一这种方法可行的话，我的生命或许会有一番新的景象呢！

可是，每天都是饱吃三餐的人该如何开始呢？姜医生的书里面也没有详细说明执行的方法。怎么办？怎么办？我看完那本书后心里非常着急，我在一个陌生的国家该去哪儿请教谁呢？结果在我收集毕业论文资料时，我遇到了佛光山，山

---

[1]《健康之道》后来正式出版，更名为《这样吃最健康》。

中的庙里有一个小小的图书馆。我在其中细心地找有没有相关的书籍可以参考，最后竟然看到一本叫《断食健康食谱：排毒、减肥、改善体质》的书，也是台湾的作者，董丽惠老师的著作。

我小心翼翼地把书中描述的每日流程和可能会出现的问题都抄下来带回家，逐一研究。几天后，在没有人指导的情况下，我大胆地做了5天的液体断食，只喝果汁、味噌汤与白开水。我好害怕：我会不会饿死？或者饿晕？我会不会发羊癫疯？我会不会吐？会不会拉肚子？一切的未知让人又期待又害怕，又迫切又想退缩！

第一天，我竟然安然地度过了。全天饮食只有早上一杯果汁，中午一杯果汁，晚上一碗味噌汤和大量白开水。第二天，我开始感觉身体无力了，而且白天还要在外面跑来跑去（我在一家公司里打工）。第三天早上起床后，我坐在房间里的摇摇椅上，看着那个法式的落地窗，感受着3米多高的法式建筑楼顶，忽然感觉一切很梦幻，很有电影感。身体感觉轻盈得要飘起来，心中一丝压力都没有。好神奇的感觉，一种从来没有过的体验。

我忘了我在那个椅子上坐了多久，看着照射进来的太阳光，听着街上的汽车声、人们的讲话声音，感觉一切都像电影镜头一样开始慢放。多少年来我竟然第一次如此专注地感受自己的身体，多少年来我竟然第一次没有感觉到身体有痛楚。是的，没有了！缠绕了我7年的痛症突然消失了！没有先兆，说没有就没有了！

除了身体没有痛症，我还感觉到肚子里有一种无法形容的愉悦感，好像有人在逗我一样，可是身边一个人都没有。后来通过研究断食的文献，我得知断食期间肠道里会出现很多的多巴胺——一种让人快乐的神经递质，可以由我们的中枢神经系统输送到大脑里，让人感觉又放松又兴奋，与性爱高潮时所分泌的激素类似。

当时，我独自一人坐在房间里开始笑——我开始有一种忍不住很想笑的感觉，觉得好愉悦，可身边并没有人在逗我。这是我人生中第一次体验到什么叫"你的快乐来自你自己"——以前都是在书里读到的，可现在我有了切身的体会，我体验到了一个从资讯（information）转化到知识（knowledge）的过程。

5天的液体断食后，我开始严格地按照姜淑惠医生书中的方法进食——全食、生机、悦性、有机，并且遵循少吃、素食、定期断食、不饿不吃等原则。回到德国后，我便更加疯狂地研究所有我能读懂的关于断食的文献，中文的、英文的、德文的、西班牙文的等等。我从中西方的文献里看到了很多共同点，当然也有差异。这是一个十分让人着迷的话题，甚至变成了我外语以外的另一个专业，让我一辈子着迷和孜孜不倦地去探索。

我还托家人给我买了许多"日本断食之父"甲田光雄医生的书，并且细心去品味书中的智慧。我开始很用心地去做我的断食计划，写下每一次断食的感受，分析每天摄入与排泄的量与质，并且进行对比与思考，试图找到一些固定的模式。比如：一个健康的身体该如何进行断食；在感冒的时候，风寒该怎么断食，风热又该怎么断食；等等。

在德国生活的最后两年里，我有三分之二的时间都处在一种轻断食的状态中，经常进行长达14天的液体轻断食（只喝很稀的果汁或蔬菜汤，不吃其他食物），并且能量满满地进行各种学习与运动。我的身体随着一次又一次的轻断食，感觉就像蜕壳升华一样，身心变得越来越明朗，对身心的把控能力也变得越来越强。本来已被药物影响的记忆力也开始苏醒，感觉自己像一个沉睡了一万年的化石被温柔地叫醒一样，我的脑力好到在巅峰时期甚至感觉看书都是过目不忘的。本来成绩很差的我，最后的毕业论文竟然几乎达到满分，整体成绩也在甲级，骄傲地成为弗莱堡大学550年来第一个毕业于罗马语系研究专业的中国人。

当时，教授主动邀请我继续跟他去汉堡大学读博，研究南美的华人饮食文化，我也答应了，但是后来去了上海一趟后，就不想离开我本来就想回到的祖国了。我不想待在学校的图书馆里了，我想走进大千世界，并且告诉全世界轻断食的好处与神奇之处，希望可以有更多人因为我的分享而得益，更希望我们国家的平均健康指数会因为有我的一点点贡献而提高，帮助我们国家减少一些医疗方面的财政支出，也帮助更多与我有相似经历的人减少一些不必要的痛苦与医药开支，让我们的人民都可以过上更高质量的生活。

作为一个受过欧洲教育的香港人，我心中有着一份中国情结，希望能够在毕业后把我从国外学到的好东西带回国，让中外文化可以更好地融合，发挥两种文化的优点。所以，2011年，我在上海创办了"心乐厨房"，致力于通过科学安全的断食与食疗的教学，让更多人学会简单有效的轻断食方法。

古人云："祸兮，福之所倚；福兮，祸之所伏。"这场大病给我带来了巨大的痛楚，也让我开始重视身体健康，反省我的生活方式，并且获益良多。

姜医生说过："没有一辈子的病，也没有一辈子的病人。"通过轻断食，我的生活方式与思维模式都发生了转变，不仅奇迹般地活了下来，还生了两个健康的孩子。所以我立志要把和人们分享我康复的过程作为我的终生事业，让更多人知道健康真的是掌握在我们自己的手里！只要能够按照书中的方法找到适合自己的轻断食步调，我们就再也不用畏惧疾病了。

**第一篇**

## 轻断食，
## 健康的秘密

第二篇

# 安全轻断食
# 必备指南

# 附录

# 第一篇
# 轻断食，健康的秘密

第一章

# 影响健康的维度

作为一个病龄将近20年的资深病人和一位从业近10年、带过上万学员的健康导师，我对影响健康的各种因素有一些比较深入的思考。这一章，我将从个人、家庭、工作、社会、世界五个维度与大家分享一下我对健康指标有哪些想法。如果我们可以重新从这几方面去观察健康轨迹的话，就可以做到对自己的健康进行检视、改变与提升。

# 个人

个人层面，我想从七个方面来切入——性格、吃、喝、睡、玩、爱、感恩。我认为，如果能把这七个方面做好，我们就能把握自身大部分的健康状况。

### ■ 性格

在我看来，性格是决定一个人健康与否最重要的因素。回顾自己生病的历史及其演变过程，以及观察很多学员的改变，可以看出很多蛛丝马迹——性格决定了我们的健康的大部分，甚至是绝大部分。在传统的中、西医学里，我们习以为常地认为生病是外在的原因——西医强调外在的细菌入侵，中医则讲究外邪。但是，我的家人里西医、中医都有，医术也都不错，却无法让我康复。

我觉得，这跟我的性格有关，跟医生无关。

我从小性格就是很有缺陷的，幼儿园时期就喜欢欺负其他小朋友，所以没有几个朋友，总是自以为是，脾气很差，动不动就爱哭，还喜欢生气。但是因为我是家里最小的一个，所以全家人都会迁就我。我从小长得很胖，身体也虚弱。因为又胖又虚，就很不爱动，整个人非常懒散，体育课能逃就逃，能多坐一秒绝对不会多站半秒。我两位姐姐从小就爱运动，她们的身体素质很好，而且经常得奖，在学业和体育方面都很优秀。而我就是那只丑小鸭，心中其实很自卑，所以很努力地用自大去掩饰内心的不足。

可是人一旦离开了自己熟悉的地方，到了一个全新的环境里，我们之前隐藏的性格就会原形毕露。所以我在英国读书的时候没有朋友，在别人家里也不懂规矩，说话与行为总是得罪人，最后被人批评、奚落与攻击，觉得自己很惨，慢慢地好像变得有些抑郁。后来反思，才知道原来我是罪有应得，但是那时候我并不这样认为，因为大部分的人会习惯性地在问题出现时把责任推到别人身上。

从我自身的改变情况再来看我们现代社会的孩子们，大家就不会惊讶为什么"抑郁症"成了头号杀手，为什么我们现在的孩子会如此脆弱了。我觉得导致我们生病的一个重要原因是我们的性格出现了严重的问题。当生病的时候，我们都在试图从外界找原因和解药，却很少会从自己身上找原因和解药。

我遇到过蛮多重症的个案，他们都不是那种性格很开朗的人。大家可以观察我们身边很开朗乐观的朋友，他们得病的概率一定比性格极端的人小很多。

不过，要承认我们所得的病来自于我们自己并从自己身上找原因不是一件容易的事情，很多时候需要通过一些非常苛刻的训练才能学到。这些年，我一直在致力于这方面的学习，力图从人们的生活方式里分析问题，找到答案。经过长期的经验总结，我找到一个简单的方法，那就是——只要我们回归自然，我们的身心都会得到很大的提升。

## ■ 吃

大家每天都在吃，可是有多少人知道自己在吃什么呢？有没有带着觉知去吃？有没有认识食物的本质？最重要的是，有没有明白自己的身体应该在一个怎样的状态下进食怎样的食物呢？据说85%的癌症都是因为饮食不恰当引起的，那么如果我们都可以合理控制自己的饮食，不就可以把握我们85%的健康吗？所以吃绝对是一个影响我们健康的非常重要的元素。在书中，我会详细讲到我所推崇的健康饮食法则与应用，学会这些饮食原则，无论你到了哪里，都能为自己调配健康又美味的食物。

## ■ 喝

喝水，一定要多喝水。那我们究竟要喝什么样的水？要喝多少呢？人的身体中60%到70%是水，那么这意味着我们所喝进去的水会影响到我们60%到70%的健康，对吗？都在说我们每天要喝8杯水，真的吗？什么样的水才是我们身体所需要的？坊间林林总总的水与处理水的设备，究竟如何选择才对我们的健康有利呢？关于水的基本知识是每一个现代社会中的人都必须掌握的。认识了一位研究水的朋友后，我才知道原来我们在市面买的纯净水、矿物质水（额外添加矿物质的水）和蒸馏水对我们的身体都是无甚益处的。我们要喝天然矿泉水，或者经过非常好的水过滤器（能够保留水中的天然矿物质，同时把不好的物质去掉）过滤后的自来水。大家在外面买水的时候记得要看成分表，选择"天然矿泉水"。

## ■ 睡

睡眠是最便宜的养生"药"。不相信？你试试看一周每天晚上10点睡着、早上6点起来的效果。

上面这一句如此简单的话，却没有多少人把它当真，包括我自己也是。我曾经觉得晚上特别有灵感，特别不喜欢睡觉，青少年的时候就开始喜欢熬夜，同时还抽烟、上网、煲电话粥。后来身体免疫系统发生紊乱，我才开始自我检讨。睡觉对于健康是如此重要，这是每个人都明白的道理，可是现代人绝大部分都有睡眠的问题。我在德国病情很严重的时候，即使吃安眠药都睡不着。后来逐渐学习到睡眠与大自然阴阳能量的规律对一个人的健康有显著的影响后，我就真的很把睡觉当回事，竭尽全力让自己早睡早起，并且保持睡眠质量。

如果你或者你身边的朋友健康出现问题的话，你可以首先问他的作息，一般作息不好的人健康也好不到哪里去。但是究竟怎样的睡眠才是好的呢？这个答案太简单了，简单到我们这些成年人觉得是小孩子的事，很少会认真去对待：晚上10~11点睡，早上5~6点起来。晚上要给肝脏最好的休息时间，因为晚上11点后肝胆经开始运行，而早上太阳出来的时候正是阳气升起的时候。如果一个亚健康的人什么都不改变，只是坚持一周早上5点起来活动一下，都会发现整个人的循环变得更流畅。

在后面的章节里，我会详细和大家分享我摸索了10年的"睡经"（见P168），帮助大家去调整这个可以快速让我们改善健康的因素。

### 玩

大家可能会觉得很奇怪，为什么玩会对我们的健康有很大的影响。如果我们去观察小孩子，我们就会知道玩是多么重要。通过玩，儿童的身心状态会有巨大的改变。

自从学习了儿童心理发展的课程后，我对玩也有了更深层的认知。在快速发展的中国，大家的注意力都放在事业上，如何在最短的时间内赚最多的钱是我们优先关心的事情。可是，渐渐地，我们发现，如果我们只是不停地在追逐物质，我们的心灵会很空虚。小孩子需要玩，大人也需要懂得玩。

在教学的过程中，我发现有些学员在轻断食后，会获得一些健康方面的改善，但是如果他们的工作压力太大，没有时间去做一些自己喜欢的事情，他们的健康状况仍会下滑，轻断食的效果就会减弱。也有一些家长带着孩子来找我，他们以为小孩子生病是外因，但是在交流中我发现，这些孩子是因为被过度约束，所以身体出现了问题，以表达反抗。于是我就鼓励这些家长周末带孩子去郊外玩一玩，病自然就好了。

所以，大人小孩都不要小看"玩"对于健康的重要性，但是也不要误解"玩"就是丢一个Ipad给孩子打游戏。大人小孩都需要一些益智的游戏，可以是户外的，也可以是室内的，可以是动态的运动，也可以是静态的活动。"玩"的内容千变万化。每个人可以为自己规划一下，一周最少给自己一次可以玩得淋漓尽致的机会。回顾我自己在英国生病的原因有很多，其中一个很大的原因就是我不爱动，而且那时候也没有什么让我觉得很快乐的活动，久而久之造成心情郁闷，压抑的心情加上其他的原因就慢慢引发疾病了。如今，我特别推崇大家最起码将定期做运动作为一种玩的方式，比如约一个朋友和你每天跑步10分钟。是的，由10分钟开始吧，对自己要求太高完成不了，心里反而有压力。定一个小小的目标，完成了，心里就有一份小小的成就感。

### 爱

爱别人是一种能力，也是影响自己健康的重要因素，但是很多人都不懂，比如以前的我。

我从小到大就是一个不会爱的人，比较自私，这种性格跟家庭环境也有关系。因为我最小，大家都宠着我，让着我，家务活都是哥哥姐姐去做。我在家里是集万千宠爱于一身的，根本不需要去想任何"付出"。可是当我出国后在别人家生活的时候，就发现了自己性格中所缺乏的东西（这也是造成我生病的一个原因）。一个不会付出、只会索取的人很容易成为"习惯性埋怨"的人，心中怨气多，自然就不通畅。从中医的角度来看，气不通会引起很多问题，最明显的就是肝气郁结引起的肝胆疾病。当我们情绪不好的时候，胆汁分泌出现问题，身体里的各种器官就会开始出现问题[1]。

---

[1] 莫里茨.神奇的肝胆排石法[M].皮海蒂，译.北京：中信出版社，2012.

所以，回首看自己，我看出自己的身体是缺了什么才导致生了这么严重的病——就是缺"爱"这么简单。从外在，大家可能都会以为是医生的错，给我开了这么多残害身体的抗生素，不过我是一个相信因果的人，我觉得如果我本身不具备生病的因，一定也不会有这个果[1]。所以，我清楚自己生病的原因，我开始学着不再去埋怨别人，我要开始去付出。于是我会在上课和运动以外的时间去做一些社会服务，比如去敬老院做义工，或组织一些有利于大众身心的文化活动。

当然，我们不可能因为去做几次义工就能大病康复。不过通过多年的无私奉献，我发现我的心胸变得越来越开阔，不再像以前那样斤斤计较。这种心态的转变、思维方式的转变，对我的身体健康和人生命运起到了巨大的良性推动作用。

这时，我再去观察我们的社会，我看到的是普遍的现象：家里的独生孩子一手遮天，六个大人追着一个孩子来伺候，孩子衣来伸手，饭来张口。我们血液里流淌着的那些懂得付出与爱的基因慢慢在退化，人与人之间的隔膜越来越厚。如果我们可以通过自己的疾病反省到自身的爱不足，那么生病就会变成一次很好的契机，让我们重塑自己的性格与人生——那么，这次疾病带给我们的就不只是痛苦，还有重生。

### 感恩

如果爱可以称作新型维生素L（Love）的话，那么我觉得还有另一个极其重要的维生素G（Gratitude），就是感恩。日常生活中我们发现，一个不懂爱的人，往往也是不会感恩的人。我小时候就是这样的人，懒惰，手脚又慢，功课来不及做还要姐姐帮忙，姐姐帮我做好以后我还嫌她做得不够好。

在不懂感恩的人看来，别人对他的所有付出都是理所当然的。而这种思维，

---

[1] 我所相信的"因果论"（Law of Causality）是一种非宗教的思想，在西方其实也是流行的。我是通过自己多年的观察与沉思感悟到的，并非某人告诉我的。

会导致他心态失衡，只知道一味索取，不知道付出。一旦别人的行为不符合他的心理需求，他就会产生怨气。天长日久，他就会变得易怒，暴躁，无法控制自己的情绪。

在我们的轻断食教育体系里，教人学会感恩是我们的教学重点。因为它可以从思想上去改造一个人，使人拥有从内而外转变的能力。一个习惯性感恩的人，内心是充盈满足的，他感恩别人为他做的一切，心中的爱意溢出，也迫不及待地想要去为别人做些事情。这样的心性，自然就会减轻甚至消除病痛。

## 家庭

情绪对于一个人的健康有很大的影响，我相信大部分人是认可这一点的，但是大部分人并不了解，我们的坏情绪很可能是在一个负面的家庭环境里产生的。在我们轻断食的教育过程中，我们发现有不少学员之所以身体不适，是因为家庭关系处理不好，精神压力太大。

在香港的媒体上，经常会听闻一些中学生因为家里的纠纷而跳楼的消息。世界卫生组织多年前已经向全世界发出警告，预测2020年全球第二号疾病是抑郁症，到2030年更会成为头号疾病。在实际调查中，我们可以清晰地看到抑郁症和不良的家庭关系之间的强相关联系，有的甚至是因果关系。

家庭环境的好坏，深度影响着我们身心健康的好坏。

因为这一次重大的疾病，我迫使自己去反思以前的人生历程。我不断地追问自己：为什么会得这种病？起初我并没有一下子想到家庭关系上，直到我在断食期间，思维变得敏锐以后，我开始清晰地看到自己的过去，看到我成长时期的家庭环境。我记得每次父母吵架，我都会很崩溃，不知所措。那时候，我不知道如何处理这种负面情绪，只好任由它累积，最后压垮了我。在找到原因之后，我开始用各种方法把这些负面情绪逐一清除（特别是在轻断食期间，我们可以发现这些负面情绪会"自噬",即自我溶解)[1]。心情好了,身体就跟着好了。

## 个案分享

我们的学员里有不少通过轻断食和解了家庭关系:

• 其中一位也是我们的讲师——晶晶,她曾经和男友闹得很不愉快,后来通过轻断食的净化,竟然和好了,还结了婚。

• 一位学员的脖子总是莫名作痛,进行轻断食并改善与父亲的关系后,她的脖子奇迹般地好了很多[2]。

• 一位要离婚的北京学员来找我做一对一咨询。我给了她一些思维模式的练习,加上10天的液体轻断食,她就没有离婚的念头了。

希望通过本书,大家不仅能对轻断食有一个全面的、科学的了解,同时也能明白家庭对身体健康的影响有多大。努力经营家庭关系,比头健康保险重要得多。在我个人的康复之路上,我除了改变饮食习惯之外,也一直在致力于让家庭更加和谐。生活在一个充满爱和感恩的家庭,你的身心一直都是舒畅的状态,好像鱼儿轻松地游在水中一样,自然就不会得病了。

# 工作

人一天中的大部分时间都在工作。以前在德国读书的时候非常有趣:在经济

---

[1] 清除负面情绪,也可借助家庭心理学的知识与方法,让我们看见父母在我们身上留下的印记,并学习如何清洗及转化那些对我们成长无益的思维模式、语言习惯和行为。可关注微信公众号"正向家长学院"。

[2] 参见《让阳光自然播洒:刘有生演讲录》(刘有生著)。这本书里的一些个案令人大开眼界。有时候遇到一些比较特殊的个案,我会参照里面的一些说法,偶尔还真的有效。但是每个人的情况不一样,不能一概而论。

系里面能找到整个镇上98%的中国学生，而在我们系（罗马语系研究），550年来就我一个中国人。我的同学也好奇我为什么不读经济学，其实我也辅修了经济学，因为怕家里人担心我读语言文化这些"没用"的专业，毕业后找不到工作。

为了讨好我妈，我强迫自己去辅修经济学，可是这是违背我的天性的，我从小就很不喜欢理科。在大学经济系里，我几乎每一门考试都要考两次才能及格。最后毕业考试的时候，幸好有轻断食帮助我提升了智商和记忆力，才得以几乎满分毕业。但在毕业的瞬间，我就已经把所有内容还给教授了。然而在我自己选择的专业（主修西班牙语、法语）里，虽然很难，但是我心中是愉悦的，因为那是我自己的选择。

那么问题来了，社会上有多少人在读自己不喜欢的专业，做自己不喜欢的工作呢？长期从事不喜欢的行业，一定会导致一些心理问题的。这种问题在社会上已经屡见不鲜了，所以我们必须重视工作给我们的身体带来的影响。

要尽量选择自己喜欢的专业，自己热爱的工作，这样你每天都会带着激情去上班。你只有快乐地工作与生活，你的身体才会健康。

## 社会

我们其实真的很幸运，出生在这个太平盛世，出生在一个繁荣富强的国家，尽管它还不完美，也面临一些指责，但是我们的政府正在不遗余力地让人民的生活过得更好。社会的进步需要每一个个体的努力与推动。

在德国，轻断食已经成为了一种文化，几乎每个人都听过也做过。如果我们也将轻断食变成一种社会文化的话，那么我们每年将会节省很多的医疗费用，从而可以把这些资本投到更有迫切需要的地方去。我觉得我们可以发起这项全民运动，让更多的人了解自己的身体，维护自己的健康。

## 世界

　　世界这么大，巴西的热带雨林究竟和我有什么关系？海啸究竟对我有什么影响？非洲的孩子挨饿也很难让我感同身受，是吗？要想感受到自己和整个世界都连接在一起的话，确实不是三言两语就能实现的，需要长时间的练习与觉知。我自己一个人多年在外面，慢慢形成了一种有仪式感的生活，可以让我每一天都和整个世界连接在一起。每一顿饭前我都会感恩眼前的食物——来自印度的黑胡椒、来自美国的杏仁、来自墨西哥的牛油果、来自越南的腰果……也感恩阳光、雨水、农夫、加工与运输它们的人。通过这样的一个小小的餐前仪式，我们可以观想眼前来自世界不同地方的食物，并且感受它们进入我们的身体里，与我们融合在一起。在后面（P232），我会将这个餐前感恩文分享给大家。

第二章

# 什么是轻断食

# 医学与轻断食

## ■■■ 从西方医学看轻断食

传统医学对轻断食并不十分认可。几乎没有任何一家医院里的医生会告诉病人："断食一下吧！"我曾经带着我的婆婆去医院检查，检查出她有轻度糖尿病，于是医生说："您有糖尿病，注意一下饮食。"具体怎么注意呢？他并没有给出答案。

传统的"西方医学"是以实验、数据和结果为导向的，它给人的感觉是"头痛医头，脚痛医脚"，这种医学叫作"对抗医学"（Allopathic Medicine）。在这样的体系里，"轻断食"自然是不能成立的，因为西医认为我们的身体器官本身就具备排毒的功能，并不需要额外的排毒。而一般来说，当身体真的出现问题，并通过西医检测出来的时候，往往已经比较严重了。此时，只能通过各种医疗手段去动刀子、用药，大部分病治不好不说，还给病人带来了无尽的痛苦。

所以，我们宣传轻断食的核心思想就是防患于未然，在身体出现重大问题之前，就将小问题给解决掉，将体内的毒素排出，将垃圾消除，不让小毛病发展为疾病。因此，轻断食疗法，其实是一种自然疗法、功能疗法。

我国古代伟大的医生扁鹊，医术高明，声名在外，众人都夸赞他。他出身于医学世家，家里三兄弟都是医生。

有一次，魏文王问他："你家三兄弟，谁的医术最高明？"扁鹊说："我大哥医术最高，二哥次之，我的最差。"

魏文王说："愿闻其详。"

扁鹊说："我大哥治病，是在人发病之前，就把人的病扼杀在萌芽中。别人都没感觉到病痛，就已经痊愈了，好像他什么都没做似的。世人不能理解他，所以觉得他水平不行，但在我们家，都最佩服他。

"二哥治病，是在病人的病情刚开始出现的时候，就直接药到病除了。这个时候，病还没有发展成大病，病人感觉的也是小的病症，所以人们都认为我二哥只会治小病。

"我治病，治的都是大病。病人已经受了很久的折磨和疼痛，他们看我下针放血，用毒药以毒攻毒，或者动刀子，认为我就是最有本事的那个。其实，我对病的预防和诊治，不如我的两位哥哥。他们是治病于未发。"

扁鹊神医的这番话，很好地解释了对于疾病，预防、前期疗愈要比后期的汤药手术重要得多。我们要在病情未发时关注我们的身体，改善我们的健康状况，而不是发病了才重视。那时候，等待我们的就是医生的刀子和药剂。

所以，我们要把注意力尽可能多地放在预防上。下面，我给大家介绍一下世界上已经出现的几种功能疗法。

顺势疗法（Homeopathy）：又称"同类疗法"，英文为Homeopathy。它是由两个希腊文字"homeo"与"pathos"组成的，"homeo"是"相同"的意思，"pathos"是"疾病"，英文的整体意思是"同类疾病疗法"。

顺势疗法的创始人是已故德国医生塞缪尔·哈恩曼（Samuel Hahnemann）（1755—1843年）。他在《医药的研究》里说："最理想的治疗是能快速地、温和地、永久地治疗病人，并能以最短促、最可靠、最安全的方法来根除疾病……"1979年，世界卫生组织公开呼吁全球必须研究顺势疗法，以补偿对抗疗法，即传统西方医学的不足。根据2001年的统计，德国有25%的医生使用这种疗法（我在德国读书的时候就有很多同学、朋友去看顺势疗法的医生），英国有37%，法国高达39%[1]。20年后的今天，这一比例一定更高。

1994年的一项统计显示，美国有27家医学院，包括哈佛大学、哥伦比亚大学等高等学府开设了顺势疗法学科。顺势疗法对疾病的诊断是以"问"为主，兼有类似中医诊断的"望闻问切"，通过对病人的详细询问与观察来捕捉病人生理、心理上的各种症状，综合分析，诊断病因，再根据顺势疗法的"药物与症状对照"来开药[2]。顺势疗法与中医治疗都是自然医学的范畴，是根据临床经验积累总结而成的，能全面提高人的健康水平，激发患者自身医治疾病的能力，是提高自身免疫力的最优途径[3]。

花精疗法（Flower Essence）："花精疗法"是欧美传统医疗中最接近现代医学的疗法，它的创始人爱德华·巴曲（Edward Bach）医生是英国皇家医学院系统培养出来的正统外科医生兼细菌学专家及公共卫生博士。疗法中的"花精制剂"都是经过他本人精选，依照顺势疗法的原则，在1930到1946年间制造出来的。在原始38种花精的配方中，可以处理8种负面情绪，分别是恐惧、不安全、

[1] 曾强.功能医学概论[M].北京：人民卫生出版社，2016.
[2] 风华.顺势疗法——21世纪人类征服疾病的武器[J].中国保健营养，2001，（12）.
[3] 徐崇权.浅谈中医诊治与顺势疗法结合使用的可行性[A].广州中医药大学针灸推拿系//海峡两岸中西医结合学术讨论文集[C].广州：海峡两岸中西医结合学术研讨会，2007：114-115.

孤寂、无生趣、气馁、绝望、无主见及好挑剔。

美国北美花精协会的负责人自1997年以来，即继承爱德华·巴曲的方法，继续发展出了104种花精配方，因此欧美目前共有142种已拥有数万人试用记录的花精配方。近几十年来，世界各地连续传出了震惊全球的大灾难，从苏联的切尔诺贝利事件，到美国纽约的"9·11"事件等，这又促使北美花精协会研发了一系列"急救花精方剂"[1][2]。我自己也是一位二级花精疗法师，深深地认可花精对人的深层影响。

芳香疗法（Aromatherapy）：也是另类疗法里的一种。远古时期的族群中已经有许多巫师（当地的医生）从植物里提炼出它们的精华应用在生病的人身上。近10年来，芳香疗法已经不局限在民间，我国和西方已经有不少的医院将精油运用在临床中[3]。

芳香疗法是种古老的方法，又名"香熏疗法"，主要是将从芳香植物中萃取出的精油以特定方法制成适当的剂型，并以吸入、按摩、沐浴、熏香、外涂等多种途径，经由呼吸及皮肤渗透等方式进入体内，以达到舒缓精神压力、祛除疾病、促进人体健康之效果的一种自然疗法。芳香疗法的历史可以追溯到古埃及和古印度，其前身是药草疗法，是人类史上最古老的治病方法之一。几千年来，人们将这些会产生精油的香料植物当作重要的药材，经历了漫长悠久的历史过程，直到蒸馏技术出现并得到改良后，精油的应用和传播才得以快速地发展。

---

［1］ 崔玖, 王真心.花精疗法为四川"5·12"地震后心理援助之急救及纾压之疗效[A]//国际中华应用心理学研究会第六届学术年会暨四川"5·12"地震后心理援助第二届国际论坛论文集[C].台北：国际医学科学研究基金会, 2011：347-352.

［2］ Barnard J.Patterns of Life Force—A Review of the Life Remedies[M].Worcester:Ebenezer Baylis,1987.

［3］ 应荐, 周敏杰, 陈海勇, 等.植物精华油外搽法治疗慢性前列腺炎：随机双盲安慰剂对照临床试验[D].香港：香港大学中医药学院, 2015.

20世纪初，法国著名的化学教授盖特佛塞（René Maurice Gattefossé）发现薰衣草精油可以治疗伤痛，并开始研究精油对常见病症的治疗功能，1920年撰写了世界上最早的"芳香疗法"专著，首创了"芳香疗法"这一术语。目前，世界上许多发达国家先后成立了权威的、国际性的芳香协会，制定了严格的标准来培养合格的芳香疗法师，芳香疗法在临床护理工作中使用的机会也将越来越多。

芳香疗法通过香气分子作用于人体自主神经系统、中枢神经系统、内分泌系统而影响人的情绪、生理状态。例如芳香吸入疗法是使香味分子进入鼻腔后，作用于鼻腔上部由受体细胞（嗅觉细胞）组成的鼻上皮，再刺激到大脑的嗅觉区，促发神经化学物质的释放，然后经由大脑中枢神经发出指令，去调控和平衡自主神经系统，从而产生镇定、放松、愉悦或者兴奋的效果[1]。我的大姐就是一位芳香疗法师，又深入学习了中医的中草药，她在两者中间找到了共同点，从而能够双管齐下去帮助病人。

有智慧的西方医学流派有很多，从其延伸出来的派别也不少，比如环境医学（Environmental Medicine）、行为医学（Behavioral Medicine）、运动医学（Sport Medicine）等。现在比较具有前瞻性的西方代替医学有补充医学（Complementary Medicine）、综合医学（Integrative Medicine）和功能医学（Functional Medicine）等等，数之不尽。一般不被传统西医认可的医学流派被统称为代替医学（Alternative Medicine）。虽然它们不被传统医学认可，但有意思的是，比如在德国，很多运用这些代替疗法的门诊都能用国家医保卡，并且还有几家断食医院也获得国家医保的认可。所以，真真假假有时候只是一种主观的想法，而非客观的事实。总的来说，我觉得我们可以这样理解传统医学与代替医学：

---

[1] 胡春艳,董旭婷,赵梅.芳香疗法在临床护理工作中的应用[J].太原:护理研究，2013,（6）：1793-1796.

传统的西医注重的是 Treat（医治）；

而代替医学注重的是 Heal（疗愈）与 Recover（康复）。

下面，我想从代替医学里的功能医学的论点来阐述轻断食的论证过程。

### ■ 从功能医学看轻断食

功能医学源于20世纪七八十年代的西方发达国家，是一门新兴的医学学科、一种创新的医学模式，具有坚实的循证医学基础。它不是独立于现代临床医学之外的另类医学，它是随着生物科技的发展，对人体的研究从宏观的器官水平，到微观的细胞水平、分子生物学水平不断深入的医学。它揭示了环境毒素、不健康的生活方式、不恰当的饮食等前置因素会引起早期机体生理、生化失衡，并逐步导致器官功能异常改变，最终引起机体病理学改变。

功能医学的检测将传统临床病理学的检测时间往前移，更加注重深刻地理解基本的生理、生化过程，而失衡的生理、生化反应已被科学证实是引起机体功能下降、导致疾病的关键性环节。功能医学的干预手段是建立在科学基础之上的。功能医学与现代临床医学的药物治疗不同，更加强调营养学干预。功能医学整合了医学、营养学、营养基因组学等最新研究成果，通过转化医学，将科学成果应用于临床实践，并取得了可靠疗效[1]。

传统的医学一般认为医学应该是针对疾病的诊断和治疗，医院、医生和病人是其三个主题，医生在其中起着核心的作用。而功能医学强调的是身体集体功能和状态的评估和恢复。功能医学用的是"评估"而不是"诊断"，因为"诊断"经常是针对疾病来说的，局限于某一点，但"评估"就不是。"评估"针对的是健康，要求全面、多层次，每一个人都会不一样，都会有程度上的差异。

功能医学使用"恢复"而不是"治疗"，这是功能医学基本理念与疾病医学

[1] 曾强.功能医学概论[M].北京：人民卫生出版社，2016：5.

（即传统医学）的不同，而这一理念恰好和轻断食疗法的理念不谋而合。轻断食疗法也不会"治疗"任何病和人，它是通过一种"自溶"方式让我们的身体（包括生理与心理）"恢复"，然后一切疾病就会由一个恢复健康的机体去自动修复。我们身体不适或患病是身体一些机能的衰退或丧失，"治疗"强调的是外部干预，往往效果不佳，而"恢复"强调从患者内部调理，让身体自身去恢复自己的功能，从而达到健康的目的。特别是对于慢性衰退性疾病，我们使用"恢复"是更准确的理念。

功能医学强调生物体内环境与外环境是一个动态的平衡，这种动态平衡演绎着生命过程。不同的生活方式与营养摄入的选择，会影响我们的健康或独特的新陈代谢，从而引起疾病。人类的生存依赖于矿物质、水、有机分子、高能化学物质之间错综复杂的平衡关系。细胞的演化过程伴随着生命的演绎，细胞的组成、发育、代谢、繁殖和遗传就赋予了生命的特点。它们与外界环境一直进行着物质与能量的交换。我们体内的细胞有其独特的内环境：细胞外液[1]。

上面提到了我们的身体与我们的"细胞"息息相关。在科学界，关于断食最有权威的研究莫过于2016年的诺贝尔生理学或医学奖获奖者——日本科学家大隅良典发现的细胞自噬机制。自噬，是缺乏营养和能量供给的细胞通过降解自身非必需成分来为自身提供能量和营养，同时降解潜在的毒性蛋白等体内多余的垃圾物质，阻止细胞被毒素损伤，从而维持生命[2]。

理论上来说，当我们不进食或者有一定强度的饥饿感（大概只摄入平时饮食摄入量的三分之一）的时候，我们的细胞会进行自我更新，就像我们的手机被重置一样。功能医学体系同样认为：不同的生活方式与营养摄入的选择可以影响我们的健康或独特性的生化新陈代谢而引起疾病。也就是说，轻断食的理论是可以

---

[1] 李绍清，黄开斌.功能医学概论——新的医学模式[M].西安：陕西科学技术出版社，2016：40-41.
[2] 王倩，包永欣.基于节食主义中的"清肠理论"探析瘀滞型溃疡性结肠炎治疗[J].沈阳：辽宁中医药大学学报，2018，20（11）.

用功能医学来解释的。

传统医学停留在一种"点状"的角度看待疾病的症状，而轻断食和功能医学是在一个由无数个点线交织着的网络中看待一个人及其所存在的环境，从他所摄入以及接触到的每一个元素去扭转生病的局面。所以功能医学在美国被称为"未来医学"或者"健康医学"，正如我经常强调我做的轻断食是一种预防疾病、保护健康的教育，而不是许多人认为的快速减肥法（当然，减肥在这个体系里是"副作用"，而且效果比美容院和减肥中心的方法更好、更快、更持久）。

轻断食/间歇性断食经常会被功能医学的医生作为疾病治疗流程的一部分。威廉·柯尔（William Cole）是一位非常推崇轻断食的美国功能医学医生，他推荐的轻断食方法有好几种，包括半日断食（18小时不进食，一般是废除早餐）、隔日断食或者一周轻断食两天。威廉·柯尔医生建议病人在不轻断食的日子里也需要吃得自然和有节制，如果平时胡吃海喝的话，那么轻断食的效果绝对不如平日也保持健康饮食来得有效果。他发现轻断食对于一些病症的治疗有明显的帮助，例如脑炎、肺炎、与激素相关的炎症、慢性痛症炎症、癌症、自我免疫系统疾病、肠道炎症、心脏炎症、食物成瘾症等。更重要的是，轻断食可以激发身体的饥饿感，因为现代人大部分都是过食[1]。

### 从中医看轻断食

在古代的中国，中医和道家是紧密相连的，道家的"服药辟谷"就类似于轻断食，因为"服药辟谷"除了吃特定的中药以外，也会吃一些限制性的食物，但是摄入得非常少（见第八章"误区七"）。

"若要长生，肠中要清，六腑以通为补，以通为用。"这句话就说明在中医体系中，轻断食绝对是有证可寻的。中医有八种导下法，其一就是"泻下法"，即运用具有泻下作用的药物或方法，通过泻下大便，排除体内的结滞、积水等浊

---

[1] Cole W.Ketotarian:The（Mostly）Plant-Based Plan to Burn Fat,Boost Your Energy,Crush Your Cravings,and Calm Inflammation[M].New York:Penguin Random House LLC,2018.

垢，如宿食、水湿、痰饮、瘀血等蓄积性病理产物，以及气滞、实热等蕴结之毒，解除由结滞所造成的肝气不疏、肺气不宣、脾气不升等症状。元代医家朱丹溪提出"倒仓法"，就是指通过通畅大便、清洁肠道以减病防衰、延年益寿。

从解剖角度来看，胃与肠同属消化系统：胃居肠上，纳食腐化；小肠消化、吸收；大肠收集食物残渣，经细菌分解发酵成废物与毒素，最终形成粪便排出体外。如果饮食过饱，会加重胃的负担，使胃酸增多，导致胃的分泌功能紊乱、胃功能失常、抵抗力下降而引发疾病。粪便在肠中停留过久，水分被过度吸收，易产生便秘。

《黄帝内经》云："出入废，则神机化灭。"现代科学研究证明，人体大肠中寄生着大量细菌，尤其是厌氧菌。这些细菌通过对那些不能消化吸收的产物进行分解、发酵，形成除残渣外的吲哚、脱氧胆酸、氨等多种有害物质，它们直接刺激肠壁，不但可引起腹胀，还会通过肠壁吸收进入血循环，刺激心、脑、肾等，对神经系统、内分泌系统产生毒性，打乱人体生理平衡。这些毒物积累日久，则会使某个部位产生溃疡，甚至发生癌变。

**中医爸爸与轻断食**

我爸爸就是一位老中医，他一开始不接受轻断食，认为"不吃饭伤脾胃"，还说"吃生冷太寒，吃沙拉太让人难受"。

他知道我实践轻断食很多年，但是一直不感兴趣，直到去年，也就是我执行了10年的轻断食后，他才真正认可。他看到我们很多学员都不药而愈的个案后，简直就是傻了眼，觉得太不可思议了。他说："乖女儿，这么多人跟随你学习，是不是里面有什么可能我也想知道的秘密呢？"我笑笑说："不知道呢，你要不要自己来寻宝看看？"

于是他展开了一次10天的轻断食旅程，其中有5天密集的轻断食实操。

一开始他是很怀疑的，也觉得要打什么精力汤、果昔太麻烦，所以他大概只跟随了我们流程的70%。我给他安排了一个懒人套餐，吃我研发好的代餐或者苹果。很快，他的身体开始给他反馈了。开课三天后，他神采奕奕地来到我家说："奇怪呢，晚上睡得特别好，起床脚很轻，我6点就自然醒了，多少年没有这么早起来了，然后我全屋打扫了一遍还不觉得累。"

课程结束后，虽然他没有像一般学员那样开始吃沙拉和糙米饭，不过他已经尝到了甜头，之后他中午不是很饿的话，通常就只吃一个苹果。他说："很奇怪，午觉都不用睡。"多年缠绕他的腰疼也随着肚子变小后消失得无影无踪。

虽然我爸爸很会医人，但是可能真的是"医不自医"，他从小就有的胃痛导致他经常要吃胃药。在轻断食的基础上，我教给他一种新的喝水的方法。一个月后，他就把陪伴了他几十年的胃药扔进垃圾桶了。真理就是可以经得起时间的考验的。

## 整个地球的轻断食文化

### ▇ 自然界的断食现象

断食并不是什么新鲜的事情，在自然界里到处可见。气候通过一年四季的变化在断食，动物冬眠也是断食。断食季候鸟的代表红喉北蜂鸟（*Archilochus colubris*）可以在迁徙的时候以它仅有的5克脂肪中的2克来完成一次1000公里不停站的旅程。而企鹅更是让人惊讶的断食高手，它们为了在交配期里达到最好的状态，会有长达6个月的断食期，并在一生中一直保持这种行为，所以它们被人们誉为"断食之王"[1]。

### ▇ 世界各大文明的断食传统

在人类的历史上，断食是一种古老的文化。很多宗教都有断食文化，只不过宗教强调的是灵性与意识的提升，而非体重的控制。我认为，如果我们能把心智

---

[1] Toledo F W T,Hohler H.Therapeutic Fasting:The Buchinger Amplius Method[M].Stuttgart · New York:George Thieme Verlag,2012:5-7.

控制好，体重就已经不是问题了。反过来，如果只是一味关注体重控制而不理会心智健康的话，那么即使瘦身明显，可能也不会健康和美丽的。

中国有辟谷，东南亚地区也有因为气候的转换或者在农作物未收成时进行断食的传统。据说在喜马拉雅山上有一个古老族群，族人每年都会因为冬季缺乏粮食而进行一个月的谷物茶断食，体质非常好。但是现代文明进来之后，他们一年四季不缺食物（精加工的食物，如白面、白米、白糖等），就失去了这个断食传统，结果，他们的体质变得非常差，甚至有不少人得了糖尿病。而这在他们的历史上是从未有过的。

日本的断食法也有很多种。"日本断食之父"甲田光雄医生一般建议用柿叶茶、香菇、海带熬制的高汤来进行断食。严格的液体断食（泛指以纯水或接近纯水进行断食的方法）都是在医院里进行的，并且有医生的监管。我在使用甲田医生的方法后，发现柿叶茶对心肺与呼吸道都有好处，而喝香菇海带汤能让人更有饱腹感。除了液体的摄入以外，还需要做一些身体运动并运用一些呼吸法[1]。

印度的断食文化更是源远流长，各色各样。很多瑜伽练习里都有断食课程。古印度文明更加强调心灵和意识对人体的影响，古印度人认为瑜伽和断食都是对身心的一种净化，所以断食作为一种文化传统，一直在印度流传并发展。

中东地区的伊斯兰教徒有斋月，他们每年都会在特定时间里和本国甚至全球的穆斯林同步进行断食活动。他们的断食法是在太阳出来后不吃不喝，进行祈祷，日落后才可以进食。我在德国时的一位同学就是伊斯兰教徒，每年她都会严格地进行斋月的断食。不过这种方式如果不被正确对待的话，就会变成在日出前和日落后大吃大喝，从而偏离其本意。

西方的天主教与基督教同样有断食祈祷的文化。《圣经》里提到，如果人们在断食期间祈祷的话，上帝会更容易聆听人们的声音（人们也更容易聆听上帝的

---

[1] 甲田光雄.断食、少食治百病[M].新北：世茂出版社，2007.

声音）。我在德国时的一位室友就是基督教徒，她会定时进行这样的练习。没有宗教信仰的人可以把上帝的声音理解成我们内在的声音，在断食期间我们内心更安静，可以更好地与自己沟通。

非洲的一些部落里同样有断食的文化。比如在西非国家冈比亚，那里的女性每年都会在雨季进行断食，其间她们的平均体重会减轻约5公斤，然后在复食后恢复到原来的体重。一位英国科学家对这些女性进行了10年的研究后，发现她们比在当地居住的英国人要健康很多，比如当地英国人中常见的骨质疏松症就没有在冈比亚女性中找到[1]。

欧美远古时代的人们用水、谷物与草本泡的茶来进行断食。后来随着"原汁机"的诞生，欧美社会开始流行果汁断食法。北美比较流行的是柠檬加枫糖浆，欧洲则流行鲜榨果汁（这种果汁可以是单一的，也可以是多种混合的）。而德国除果汁断食外，更流行用蔬菜高汤或者肉高汤来进行断食。德国的断食一般会配合一些在大自然中开展的活动，比如徒步。所以德国有成千上万个"断食徒步"营地，大家可以随时随地通过网络查看哪里有断食徒步游并参与。在德国，轻断食是一种很普遍的现象，几乎每个人都听过，大部分人都尝试过。德国人的断食节（Fastnacht）是在复活节前40天进行的，让大家去燃烧一下圣诞节期间在体内堆积的脂肪，因为圣诞节期间人们都会吃得很多。

西方的医学研究发现，一个正常、健康的人（比如男士，体重70公斤）可以安全地进行40天的纯水断食，果汁断食可以达到100天。一个超过正常体重20公斤的人，如果以一天燃烧2500千卡的速度计算，则可以安全纯水断食100天。不同的西方国家有不同的断食方法。在德国，如果进行严格的纯水断食的话，则必须在专业医生的指导下进行，一般在1到3周之间，而在美国的Truth North断食中心却会做到40天。无论在哪个国家执行纯水断食，都需要定期进行身体检测，

---

[ 1 ]　Toledo F W T,Hohler H.Therapeutic Fasting:The Buchinger Amplius Method[M].Stuttgart · New York:George Thieme Verlag,2012:7.

以确保生命的安全[1][2]。而果汁断食相对简单，健康的人一般都能自己在家轻松执行。

其实断食是无处不在的。单单从早餐的英文"breakfast"就能看出，这个英文单词由两个单词组成，一个是"break"（打断），一个是"fast"（断食），所以"早餐"的英语就是"打断断食"，是否很有趣呢？拉丁语系的早餐都是这样的，比如西班牙语的早餐叫"desayuno"，"des"就是打断的意思，"ayuno"就是断食的行为。德语的早餐叫"frühstück"（早晨那一小块），意思是叫我们早餐吃一小块就好；晚餐叫"abendbrot"（晚上面包），意思是晚餐也只吃一块面包就好，不要大吃。所以在西方的语言里，"断食的行为"每天晚上都在进行，每天早晨我们都会把这个行为打破，而且都要轻轻地打破。事实也的确如此，我们每个人每天都在做不同程度的轻断食，只是我们不知道而已。

### ■ 轻断食热潮

前面的内容让大家对断食有了一个初步的了解，那么我们再来研究一下，这个"轻断食"究竟是从哪里来的呢？中国最早（2014年）的被翻译为"轻断食"的概念来自四个人，分别是英国健康饮食研究者蜜雪儿·哈维博士（Dr. Michelle Harvie）、英国乳癌学家汤尼·豪威教授（Professar Tony Howell）、英国BBC健康节目制作人麦克尔·莫斯利医学博士（Dr. Michael Mosley）和《泰晤士报》《每日邮报》专栏作家咪咪·史宾赛（Mimi Spencer）。

蜜雪儿·哈维博士和汤尼·豪威教授的书英文名叫 *The 2-Day Diet: Diet two days a week. Eat the Mediterranean way for five*，直接翻译过来就是"2天的限制饮食：一周限制两天，另外五天吃地中海饮食"，后来这本书被翻译到中国，名为《5：2轻断食》（口语简称《5+2断食》）。因为我在英国生活过，所以十分理解为

---

[ 1 ]　Toledo F W T,Hohler H.Therapeutic Fasting:The Buchinger Amplius Method[M].Stuttgart · New York:George Thieme Verlag,2012:20.

[ 2 ]　Lisle D J,Goldhamer A.The Pleasure Trap[M].Summertown:Healthy Living Publications, 2003:182.

什么"5+2断食"中的饮食那么丰盛,人仍然可以瘦下来——因为英国人平常的饮食实在是太高脂了。书中所推崇的两天限制饮食的原则是高热量、高蛋白、健康的油脂和低脂的乳制品、特定蔬果与最多50克的碳水化合物(如米面等淀粉类食物)。读者并不需要计算热量,只需要用作者提供的简表,查阅每一种能吃的食物最高与最低的分量即可。

《5:2轻断食》这本书并未特别说明2天的轻断食饮食原理,大概是强调蛋白质带来饱腹感,用高蛋白的食物来进行轻断食需要消化的时间更长,更能抵抗饥饿,类似于现在流行的"生酮饮食"结构。另外的5天,作者强调的是一种"地中海饮食",也就是吃全谷以及未加工的食物,大量蔬菜、水果、豆子、坚果、橄榄油、鱼类、家禽肉以及低脂乳制品,尽量少吃红肉,也不能吃通心面、比萨,更不要喝酒。

书中提倡的2天的高蛋白低碳水的饮食法在德国也很流行,叫"Trennkost"(分开饮食),因为科学家认为动物蛋白与碳水化合物同时、等量摄入时最容易导致肥胖,如果在摄入蛋白的时候以蔬菜来搭配的话,就不容易吃胖。而那5天的地中海饮食法也是在西方很流行的,跟Trennkost很相似。我所认识的执行这种饮食法的人,基本上只吃海鲜类而不进食其他肉类,对碳水化合物的摄入相对来说也很少。这种饮食习惯是因地制宜的,是根据地中海地区的人们的生活环境所制定的,如果中国人直接套用,恐怕会水土不服。

第二本被翻译成"轻断食"的书叫《轻断食:正在横扫全球的瘦身革命》,是麦克尔·莫斯利医学博士和咪咪·史宾赛在2014年所写的。这本书的原名叫 *The Fast Diet: Lose Weight, Stay Healthy, and Live Longer with the Simple Secret of Intermittent Fasting*,直接翻译的话是"断食饮食——使用间歇性断食的简单秘诀来减重,保持健康和长寿"。作者在书中探讨了很多不同的断食方法以及断食所带来的各种好处,不过也有提到,一般人如果没有专业的医务人员的指导,不应该做长期的断食。作者以自己的身体做测试,发现间歇性断食(一周两天)这样的方式更适合现代人。他们的理论确实很简单，即以卡路里计算为标准，女性每天不超过500千卡，男士不超过600千卡，一周两天，其他时间"随便吃"。麦克尔·莫斯利博士更以自己的探索历程拍下一部轰动全球的纪录片《进食、断食与长寿》。

在这两本书出版后，就有许多类似的书出现并被笼统地被翻译成中文"轻断食"。据说这两本书横扫欧美甚至全球，在国内外被许多明星追捧，吸引了更多的人去尝试。

## 选择属于中国人的轻断食——"轻轻断、轻轻食"

既然社会上对于"轻断食"的理解是不统一的，那么在中国，我们必须从中文的意义上去解释它，寻找一种符合中国人的"轻断食"。

我认为它的含义就是六个字：轻轻断、轻轻食。

首先我们要看什么是"轻"，什么是"断"，什么是"食"。

这三个字里隐藏着无限的智慧与光明。

"轻"是"重"和"用力"的反义词，也就是说这样的一种断食法应该是温柔的，不需要很用力的。

"断"是要断除。断除什么呢？这个断法会按每个人的需求而定义：如果是以减重为目的，那么要断除的就是一切让人变胖的东西，包括食物、坐着不动、胖子思维等；如果目的是思维的改变与提升的话，那么要断除的就不仅是那些会让人思维变迟钝的食物，更要配合断除一些让人思维倒退的信息，因为信息也是一种食物，一种心智的食物；如果断食的目的是使皮肤变好的话，那么要断掉的还有各种不必要的洗护用品。以此类推，这个"断"是千变万化，因人而异的。

"食"是指饮食、食物。可以参考下一小节"轻断食的四个阶段"以及P034的"食物选择的四大原则：全食、生机、悦性、有机"。

### 轻断食的四个阶段

无论你的目标是什么，我所推崇的安全的轻断食法都是阶梯式的，要一步步推进。它大概分为以下四个阶段：

①轻断食前的减食；

②轻断食期间的饮食；

③轻断食后的复食；

④检视日常的饮食（包括感官食物：听觉、视觉、嗅觉、触感以及内在感受）。

如果想要获得良好的轻断食效果，那么我们必须重视这四个阶段及其对应的四种"食"，并且透彻地去了解它们。这个在后文会详细地讲解。

如果以我们经典的10天"旅程"来看的话，我会教大家做一个3天的减食训练，从食物的质和量进行减食。我这里以轻断食的"组合式"（可参阅P092）作为例子简单说明一下。

#### 轻断食前的减食

前3天，我们的食量需要递减到日常饮食的一半，开始慢慢断除肉食（可以先从断除红肉开始），以及非天然的食品与饮品，也就是那些含有添加剂的饮食，比如零食和包装饮料。必须要吃的话，可以选择水煮或清蒸的白肉、奶制品。

#### 轻断食期间的饮食

最简单有效的轻断食期间的饮食就是以全食、生机、悦性和有机的食物来做轻断食餐。简单来说就是：代餐（我研发的或者任何你喜欢的无添加的）、沙拉（调味料不要使用合成添加的沙拉酱，可选择油、醋，或者不调味）、水果餐。加餐的食物可以是果汁、果昔、水果、原味坚果等。沙拉和水果餐的分量若以体积计，应在两个自己拳头的大小左右。代餐则在50克（干的分量）左右，果昔或果汁每次300毫升。理论上，这些食物是吃不胖的，不过也有学员曾经超量吃撑，结果就不一样了。所以轻断食期间的质和量同样重要。

只要你明白了这样的一个原则，那么你到了世界上任何一个地方，都可以轻松地进行轻断食。不过这是针对身体相对健康的人，如果有亚健康问题的话，请参考本书所列的常见亚健康类别来增加相应的辅助措施。

"其他食物也可以吗？比如肉、咖啡和茶？"当然也可以，只是它的效果会不一样。但是如果你是初学者，大可不必对自己这么严格，按照你可以接受的程度循序渐进，逐渐达到不吃肉、不喝咖啡的境界。

**轻断食后的复食**

如果按照我们常规的轻断食流程的话，我们会引导大家做3天的复食。在这3天里，我们会慢慢增加食物的量，脾胃不好的人建议暂时不摄入豆制品和"三白"（白米、白面、白糖），肉食一般都会在10天结束后再慢慢添加。如果复食做对的话，好的状态还会持续，比如体重继续下降，皮肤越来越滑嫩，心情越来越愉悦等。

**检视日常的饮食**

一般做完我们设计的10天轻断食流程的人，都会感到前所未有的神清气爽。他们会觉得自己像是换了一个人一样，心灵通透，身体充满了能量。身体的机能感觉恢复到了更年轻的状态。不过，如果在轻断食前有一些不良的饮食习惯和生活习惯的话，轻断食后一定要注意去逐渐改变它，否则就会被打回原形。所以我会推荐大家通过轻断食来检视自己平时所接触的一切，慢慢远离那些对我们健康无益的事情。

**■ 轻断食的三种形态：固体断食、半固体断食、液体断食**

如果看过《5：2轻断食》或《轻断食：正在横扫全球的瘦身革命》的话，就会知道里面的菜谱十分丰富，有素有荤，看起来和正常人的饮食没有太大的区别。当然大家要注意的是，英国人饮食的热量一般是我们传统华人饮食的好几倍。而德国进行的疗愈式断食或者卡路里限制饮食一般对食物的选择会更严格，我看到过的半固体断食法的菜谱几乎都是以有机素食为主，只有液体断食的食谱里偶尔有荤高汤。

在我们的体系中，轻断食有三种不同的形态：固体断食（通过固体食物断食）、半固体断食（通过半固体食物断食）与液体断食（通过液体食物断食）。实践者可以选择其中一种，也可以混合，程度也可以根据不同的人来制订。一般来说，固体断食对于入门者最简单，只要把食物的量减少，在质的选择上做调整即可。进阶的就是半固体或者糊状的食物，既能饱腹也能起到作用。最后一种就是液体的轻断食，一般食用比较稀的汤或者蔬果汁、草本茶等（不吃其他食物）。这种方法调理身体的效果较强，但难度也大，所以不建议入门人士选择。

### 适合所有人的轻断食教学法

我对于轻断食的认识是在南美洲开始的，通过姜淑惠医生写的《健康之道》这本书（现名《这样吃最健康》）知道了这个世界上有"断食"这回事，又参照《断食健康食谱：排毒、减肥、改善体质》自行实践，后来跟随一位欧洲裔阿根廷护士进一步实操，再后来回到德国深入阅读德国与日本（甲田光雄医生）关于轻断食的文献，研究生毕业后去了上海，慢慢研究出一套适合中国人的轻断食法。

一开始是比较失败的，因为我没有足够的教学经验，只是很笼统地找几个朋友来让他们喝两天我自己研制的草药茶，效果挺好，然后就以为很成功。但是后来这些朋友回家后根本无法独自按照我的方法来复食和饮食，导致他们的身体比原来更差。所以，我所介绍的这套方法其实是由一万多名学员与我们共同创造出来的，非常实用，只要大家按部就班执行，就一定会收到良好的效果。

### 食物选择的四大原则：全食、生机、悦性、有机

我有一位海南的肿瘤科医生学员，她曾经按照某种不适合东方人的方法进行轻断食，结果是腿软无力，后来改用我们的方法，就精力充沛，完全不一样的感受，这是为什么呢？因为有些流行的轻断食法只单方面地讲卡路里，讲量（quantity）而不重视食物的质（quality）。自从我深入学习并且掌握了姜淑惠医生

书里的几个大的饮食原则后，我发现如果我们可以从质上去调整食物的话，效果绝对是事半功倍的。

我们推崇具有以下四种特质的食物——全食、生机、悦性和有机[1]。根据这四种饮食原则来进行的轻断食或饮食调整，效果都出乎意料地好。

## 全食

这个不是吃香蕉连皮一起吃的意思，但是很多人都会这样想，或者有些人理解为吃牛要整只吃。全食（wholefood）从广义上来看，当然就是把食物的全部都吃掉，比如吃苹果连籽一起吃。不过在我们所教导的轻断食原则里，全食一般仅限于水果、蔬菜和谷物，不包括肉类等其他东西。如果可以买到无农药残留的水果，则尽量把皮和籽（子）都保留，菜也尽量完整地吃，比如南瓜，连皮带子全吃。尤其是谷物类，我们要避免吃精制的谷物，尽量选择整颗的谷物，比如糙米、全麦或者其他全谷物。用全谷物的食材来做轻断食的话，纤维十分充分，肠道蠕动会变得非常好。

## 生机

美式的轻断食法里有很多美味的荤食菜谱，当然是非常迎合大众口味的。不过如果我们想体验到更多的"活力"与"轻盈"的话，最好不要选择已经没有生命的动物性食物，要尽量选择带有生命与活力的新鲜蔬菜水果。生食的神奇在坊间已经有很多的书籍文献，大家可以去参考。最简单的说明还是用姜医生的话——"祛腐新生一气呵成"，带有许多酵素的新鲜食物能够帮助我们身体排毒，同时还能为身体补充能量。

我在泰国听过一位70岁的美国老太太分享她车祸后的体验。医生最初说她要躺一年，但她坚持每天只吃有机的生蔬菜，结果3个月后就自己下床走路了，把医生都吓了一跳。

---

[1] 如果想深入学习，建议大家去看姜淑惠医生的代表作《这样吃最健康》，这也是我向每一个追求健康的人推荐的书。

另一个真实案例就是我们海南的那位肿瘤科医生，她说按照她最初选用的方法吃煮熟了的黄瓜和按照我的方法吃一根生的黄瓜，竟然有天壤之别的感觉：吃煮熟了的黄瓜感觉双腿发软，可是吃一根生的黄瓜竟然精力充沛。

**悦性**

这个概念可能很多练习瑜伽的人并不陌生，因为它来自印度的食物能量学。印度行者经过修炼后，其身体会变得十分灵敏，他们摄入食物后能感知食物在身体里的走势。基于这样的一种理解，他们认为食物是有三种不同的能量走势的：第一种是能量往上走的，也就是悦性食物；第二种是能量忽高忽低不稳定的，即变性食物；第三种是能量走下坡的，即惰性食物。

当时我看到姜医生的书里介绍关于食物能量（性格）的内容时，真的好吃惊！我觉得之前的26年简直就是白活了！怎么这个世界上的食物原来还有不同的性格？那不就是和人一样吗？如果食物有性格的话，我们是否可以通过不同性格的食物来改造我们的性格呢？

我当时只是抱着半信半疑的态度去尝试那种让人上扬的食物（即悦性食物，包括所有的蔬菜、水果、坚果、种子、谷物以及绿茶等）。据说长期食用这类食物的人不仅身体会越来越有能量，连心态都会变得非常积极。用了4年的时间严格遵守这样的饮食规则后，我发现我的身心发生了巨大的变化，除了身体变得越来越好之外，心态也变得越来越积极。

于是我把这些食物放在轻断食的疗程里，然后发现大部分的人也能感受到这种悦性的能量。哪怕他们不进行严格的卡路里计算，而只是坚持吃悦性食物一个月，他们的心情也会有很大的转变。其中一个个案就是上海的一位女性朋友，她每个月在经期时都会莫名郁闷和暴躁，后来我告诉她可以吃悦性食物看看效果，结果她反馈跟我说，效果出奇的好，差点都忘了月经这回事。

**有机**

根据英美的轻断食标准，只按卡路里执行轻断食当然也可以，不过我觉得轻断食的标准是可以被提高的，也就是强调以食用有机的，起码是无农药残留的食物来进行。关于有机食物对于我们身心健康的好处，建议大家去看中国有机生活推广人胡删老师的书《有机生活更美好——胡老师说有机生活》。只通过食用有机食物就能预防甚至改善许多疑难杂症，如果加上轻断食的话不就更不得了了？真是如此。

所以我在课堂上会强调大家需要去准备有机的食材，因为现在我们能买到的食材绝大多数是含有一定农药残留的，我们需要从有机农场直接购买或者从超市买那些有有机认证的食材。

全食、生机、悦性和有机这四个概念就是我们所提倡的轻断食的四大支柱。通过食用符合这几个原则的食物，我们的身体能够有一个更快速的转换，身体在排毒的过程中也不会丧失营养，安全又有效。

### ■ 全日轻断食与半日轻断食

在我们的体系中，轻断食还可以断食时间的不同分为两种：一种是全日制的轻断食法，也就是一天会有三顿固体或半固体的断食餐；另外一种是"半日轻断食"，也就是连续18个小时不食用固体食物[1][2]。我自己就是一位长期的半日断食实践者，我们的团队和家人通过我的影响也是。我10年前读到关于半日断食的各种好处后，发现这种方法非常简单，而且效果十分显著，所以会推荐给一些无法做全日轻断食的人尝试做。我们曾经做过一些7天半日断食的线上打卡活动，十分受欢迎，而且大家的身体都有明显的改变。

在我们所推崇的半日断食里，我们一般会教大家早餐以液体的饮品代替固体食物，优选自己做的各种精力汤。我也研发了一系列非常符合我们中医五色五行理念、用有机的谷物与种子来制作的五颜六色、浓度高、有饱腹感的精力汤。

一开始很多人可能会不习惯不吃传统早餐，并且我们都有"早餐一定要吃

[1] 甲田光雄.半日断食的神奇疗效[M].新北：世茂出版社，2008.
[2] 鹤见隆史.早上断食，九成的毛病都会消失[M].台北：时报出版社，2017.

好"和"不吃早餐会得胆结石"等先入为主的观念（误区），所以我一般的做法都是让大家自己去体验，我们的身体会给我们最好的答案。我在德国的时候就测试过不吃早餐和不吃晚餐的区别，发现如果我早餐只喝自制的饮品的话，整个早上头脑都特别清醒。很多人对于半日断食有误解，比如我们家阿姨以及我的理疗师。她们两位都是以体力劳动为主的，所以她们对这种方法很怀疑，觉得不吃饭就没有力气。但是她们在我的指导下用精力汤代替传统早餐之后，发现自己精力充沛，就相信了轻断食的神奇，并且还感谢我给她们节省了很多时间。

为什么两位日本断食医生都会建议大家断早餐而不断午餐或晚餐呢？其原因是我们的身体从凌晨4点到中午12点都处于一种有"排毒需求"的状态，如果我们可以配合我们的身体去更好地排毒的话，那么排毒就会变得更简单轻松。

佛教里也有一种半日断食的方式，只不过它是中午以后不吃。这种半日断强调的是一种戒律和自律，与日本为了清空肠道的半日断有细微的区别。

我认为，只要心中有了一定的戒律，无论选择中午前的半日断，还是中午后的半日断，身心都会得到一定程度的净化。我自己对两种半日断都试过，发现我的身体更喜欢中午前的半日断，而且在现代社会里晚餐往往是一种家庭或工作的社交仪式，不参与的话可能会造成一定的误解。选择哪一种半日断不是最重要的，重要的是你要选择你可以长期执行的那一种。

### 弹性断食

有许多人都会问我，你真的是早餐什么都不吃吗？我在结婚生子之前是一个人生活，所以三餐都是比较能够自主的，结婚生子后饮食也有一定的弹性。因为凡事不能极端，也不能太追求完美，过犹不及嘛。要学会弹性地处理生活上或者社交上的需求，自己随机应变。这个世界唯一不变的就是"变"，我们的身心以及我们的饮食状态都是在不断变化的，我们要学会去感受身体的变化，对准身体当下的需求来给予它最需要的食物。这是我们所有人都必须学习的生活与生存技能，也是我们的教学重点——不断增强对自己身体的敏感度。

### 心乐厨房的阶梯式轻断食

为了便于读者理解，我们在对前述所有断食方式及食物选择原则进行整合与完善后，归纳出了心乐厨房的"阶梯式轻断食"，它包含三种方式与三个阶梯。

三种轻断食方式——量变式（逐渐减食）、形变式（三种形态）、质变式（四大原则）。

轻断食的三个阶梯——第一阶梯：量变式（量变形不变）；第二阶梯：量变式+形变式（量变形也变）；第三阶梯：组合式（量变+形变+质变）。

详细介绍，请见第四章。

第三章

# 轻断食的好处

## 世界各地专家的说法

轻断食都有什么好处？我们先来看看世界各地的专家怎么说吧！

---

**英国莫斯利博士的看法（提倡短期断食、随心饮食）**[1]**：**

· 减肥瘦身，安全可行并且能维持身体轻盈；

· 有效降低三高，控制血糖；

· 女性有效逆龄、抗衰老；

· 感官更灵敏；

· 思路更清晰；

· 改善情绪，保护大脑，避免记忆力下降及认知能力变差；

---

[1] 莫斯利,史宾赛.轻断食：正在横扫全球的瘦身革命[M].广州：广东科技出版社，2014.

- 刺激大脑发育，保护大脑对抗老化的摧残；

- 防范老化及预防疾病；

- 更长寿，自然死亡过程中没有并发症（在老鼠测试中，断食与饮食控制的老鼠比一般的老鼠寿命长100%）；

- 让身体里的胰岛素一号生长因子（IGF-1）的浓度降低，有效降低癌症的罹患风险；

- 提高化学治疗及放射治疗的效果；

- 通过饥饿与饱足的循环改善新陈代谢。

---

**美国戈尔德哈默（Goldhamer）医生（主张纯水断食及纯素饮食）**[1]：

- 让人觉察现代食品业的陷阱；

- 让心灵找到归宿，提升灵性；

- 戒掉成瘾现象；

- 彻底告别三高；

- 治愈各种疑难杂症，拯救生命。

---

**日本鹤见隆史医生的看法（提倡半日断食+周末两天断食）**[2]：

- 告别便秘；

- 改善睡眠；

- 皮肤变好；

- 告别肩颈酸痛；

---

［1］ Lisle D J,Goldhamer A.The Pleasure Trap:Mastering the Hidden Force that Undermines Health & Happiness[M].Summertown:Healthy Living Publications, 2003.

［2］ 鹤见隆史.早上断食，九成的毛病都会消失[M].台北：时报出版社，2017.

- 不复胖；

- 告别过敏体质（花粉症）；

- 改善全身发痒的毛病；

- 戒掉咖啡依然精神抖擞；

- 降低血压，改善三高；

- 肠胃舒服；

- 免疫力增强；

- 体内酵素越来越多；

- 改善怕冷；

- 改善疲倦；

- 改善情绪低落。

**日本甲田光雄医生（提倡半日断、短期断以及在医护监管下的液体断食）：**

- 排除宿便，促进消化；

- 治愈慢性肾炎及肾病；

- 治愈慢性肝病；

- 治愈糖尿病、高血压；

- 治愈痛风；

- 促进肺结核的治愈；

- 改善贫血；

- 改善肌肉无力症；

- 改善心脏病及其他心脏相关疾病；

- 治愈风湿症；

- 治愈肠麻痹与秃头症；

- 治愈三叉神经痛；

- 根治支气管炎、气喘；

- 治愈其他疑难杂症，如癫痫；

- 改造身心；

- 养成少吃的习惯；

- 改造体质；

- 从酸性体质变为碱性体质；

- 恢复青春，自我美容；

- 提高毒素排泄力；

- 治愈虚冷症；

- 治愈慢性炎症；

- 治愈休克；

- 头脑变清晰；

- 缩短睡眠时间，精力依然充沛；

- 家庭经济变得宽裕；

- 食品公害的自卫对策；

- 为应对粮食危机做准备；

- 是开运秘诀（因为可以治愈疑难杂症，使人长寿、睡眠缩短、身体不
  疲倦、头脑清晰、记忆力及判断力提高，女性变美）；

- 减少不必要的医疗开支与药物治疗的痛苦；

- 培养慈悲心、平等心。

**德国弗朗索瓦斯·威廉·托莱多（Francoise Wilhelmi de Toledo）**
**（提倡每年定期在医护监管下的液体断食及植物性饮食）**[1]**：**

• 慢性炎症的缓解及治愈；

• 脂肪与胰岛素的降低；

• 降血糖；

• 提高身体排毒功能；

• 改善脂肪肝；

• 改善2型糖尿病；

• 改善风湿性关节炎；

• 改善慢性消化系统疾病，例如胃、肠道、肝、胆、胰脏问题；

• 体内蛋白质的重新排序及使用：回春逆龄、免疫系统增强、改善体内
   细胞及血管的气体与营养运输；

• 激素及植物性神经系统的改变：脉搏放缓、血压降低、压力减小、情
   绪平稳、内分泌恢复正常；

• 5-羟色胺释放：抑郁、精神萎靡、心情紧张等得以改善，愉悦与幸福
   感指数提升；

• 血栓症风险降低；

• 自然戒掉成瘾现象，如戒烟。

---

[ 1 ]  Toledo F W, Hohler H. Therapeutic Fasting:The Buchinger Amplius Method[M].Stuttgart · New
        York:George Thieme Verlag, 2012.

中国台湾姜淑惠医生（倡导循序渐进的断食法＋植物性饮食习惯）[1]：

- 失眠、躁郁、忧虑、被害妄想、暴力等症状60%以上不药而愈；
- 打开智慧之门，突破思想的瓶颈，跨越身体、心理之局限，达到高层次的灵性；
- 启动自我疗愈机制；
- 将未被完全消化的蛋白质、碳水化合物与脂肪所形成的黏液（分泌物，mucus）溶释出来；
- 将疾病或体内的毒素通过因势利导的方式排出来；
- 将有形与无形的毒素排出来，特别是信念的毒；
- 开悟我们的心念，使内心清净，找回我们的心。

## Lulu 的观点

历史上，人们进行断食的原因有很多，与宗教相关的断食法则大多与灵性有关。不过我认为适合现代人的"轻断食"可以脱离宗教，找到一种全新的演绎方法。

以下是我通过多年来的断食实践总结出的现代人进行断食的十大好处：

- 平衡过食后遗症；
- 高效瘦身减肥；
- 高效护肤、美肤；
- 自主亚健康调理；

[1] 姜淑惠.这样吃最健康[M].哈尔滨：北方文艺出版社，2009：146-150.

- 性价比高的重疾康复和产后康复；

- 情绪调整（脱离抑郁情绪或提升幸福感）；

- 增强记忆力（左右脑的发展）；

- 自我检测机制；

- 节省家庭开支；

- 促进心智与灵性发展。

### 平衡过食后遗症

观察一下我们身边，人们是饿了才吃还是到点就吃？现代人一般因为以下四个原因而进食：

- 生存；
- 习惯（源于"一日三餐"定时进食的观念）；
- 情绪（开心、不开心、贪心、无聊等）；
- 社交。

### 生存与习惯进食

为生存而吃饭，在当今中国已经不算什么问题了，大部分人进食的原因是约定俗成的饮食习惯。我们每天有"三餐"的习惯，早上8点、中午12点和傍晚6点，到了这些时间点，我们不管身体是否需要都习惯性地进食。我的先生曾告诉我，他的一位大学同学从小到大都是被定时喂食，直到四五岁时才第一次感觉到饿，当时他指着肚子告诉爸妈："这里（肚子）难受。"

我在很多次的断食净化后才知道，原来当身体处于一种非常健康、胆汁分泌非常旺盛的情况下，我们的身体可以一日只吃少量的两餐但却有四次足量的成形而且没有切口的排便（像香蕉一样）。少吃多排才是我们健康的写照，可惜大部分人都倒过来了。常规饮食导致的身体失衡可以通过轻断食来改善并恢复平衡。

在做一对一咨询的时候，我发现积食的问题非常普遍，特别是小孩子。大部分父母都很怕小孩吃不饱，所以追着小孩子喂，结果导致了很多婴幼儿积食。在掌握了饮食与断食之间的关系后，我对孩子的养育模式就发生了变化。自从我的儿子小花生开始吃固体食物后，我们一家人都会每周一做一天的半固体轻断食，所以我儿子每天追着我们要吃东西。如果他不想吃我们也不会追着他喂，如果他说"饱饱"，我们就帮他脱掉围兜。小花生从出生到现在（两岁半）就没有打过针，也没有吃过药，生病的时候都是通过本书所介绍的方式来疗愈。

## 情绪进食

因为情绪而进食的案例非常多。我们采访过一位曾经依赖保健品过日子的学员，她说："开心的时候狂吃，不开心的时候也狂吃。"我们的身体受得了这种不间断的狂吃吗？当然不能。狂吃的后果就是肠道被阻塞，然后我们的大脑也会被阻塞。大脑被阻塞是一件多么严重的事情，就好像一辆车的司机不知道车子要往哪里走，于是毫无目的、疯狂地开，只知道开而不知道停下来，连保养和加油都忘了。

有关肠脑互动的理论在中西方都非常热门，中国内地有关的研究已经非常多[1]，香港大学也有相关的研究[2]，德国的科学媒体上也有不少关于"肠道作为人类的第二个大脑"的说法[3]，美国则有科学研究指出大肠会直接影响我们的想法与

---

[1] 赵迎盼，王凤云，杨俭勤.基于脑—肠互动异常的肠易激综合征发病机制的研究进展[J].中华医学杂志，2015，95（8）.

[2] Wong S H, Zhao L, Zhang X.Gavage of Fecal Samples From Patients with Colorectal Cancer Promotes Intestinal Carcinogenesis in Germ-free and Conventional Mice[J]. Gastroenterology,2007.

[3] Susanne Billig und Petra Geist.Der Darm als, zweites Gehirn "des Menschen"（大肠作为人类的第二个大脑）. [EB/OL]https://www.deutschlandfunkkultur.de/medizin-der-darm-als-zweites-gehirn-des-menschen. 976.de.html?dram:article_id=321613.html, 2015-06-04

感觉。所以，通过有指导性的断食疗法，我们可以引导学员去认识这些情绪并且进行有效的转化[1]。

## 社交进食

有多少次我们聚餐时其实不想吃，但是总是以"身不由己"作为理由而吃，特别是经常应酬的企业家和销售员等。这些我们身体本身不需要的食物囤积在体内会增加身心的负荷，我们需要想办法把它们排出体外，而采用安全的断食法就可以达到此目的。

我曾经有一位学员是大学教授，他经常需要出差和演讲，基本每天都在不同的城市。近50岁的他才刚刚生了两个孩子，就已经患了"三高"。他来参加课程的时候同样需要天天应酬，可是他在开宴之前会很诚恳地告诉宾客他的身体出现了毛病，正在用轻断食的方式调整身体，然后他会拿出一个保温瓶和我研发的轻断食代餐。在14天的课程里，他健康轻松地瘦了7公斤，后来他再来我们线下的液体断食营后连降压药都不用吃了。我问他："在请客时表现得如此另类会觉得尴尬吗？别人没有对你另眼相看吗？"他说本来也是很担心的，不过出乎意料的是宾客都表示赞叹和支持，毕竟大家都不想一辈子打针吃药过日子，而且渴望看着自己的孩子成长。

所以，有了这样的动力后，社交进食就不一定会阻碍我们实践断食。只要我们认真学习与执行，理性与科学地对待轻断食这门艺术的话，身边的人早晚都会投以羡慕与赞叹的目光，因为你实行10年后，就会比实际的年龄至少年轻10岁，甚至更多，就像我去医院产检的时候，护士们都不相信我的真实年龄。

我自己以前在德国刚刚开始接触断食时，也很害怕出席任何社交活动，特别是与内地的同学聚餐时真的非常格格不入，而且经常会被他们嘲笑是吃草的，根本不需要和他们一起坐在餐厅里，在外面草坪就可以了。

---

[1] Hadhazy A.Think Twice:How the Gut's "Second Brain" Influences Mood and Wellbeing.[EB/OL] https://www.scientificamerican.com/article/gut-second-brain/html，2010-02-12

那时候没有人在身边指导我，自己内心又很脆弱，经常聚会后回家一个人躲起来哭，觉得自己很可怜。所以我到了内地后，立志要创造一个非常正面积极的轻断食社交网络，把志同道合的伙伴们聚在一起，并且在我们的断食教育中增加心理学的教育，帮助更多遇到类似障碍的朋友可以顺利过关。

我相信，当有足够多的人长期实践这一套断食法，并且展示出这种方式对我们的身心以至社会整体的好处时，旁观的人也会改变态度的。就像我至今实践16年了，身边的人，包括家人都没有再质疑我，连我的医学博士二姐都会在我们合影时开玩笑说："拿我的照片去做广告吧。我们俩的区别就是一个有注意保养，一个没有。"这是一个认真的玩笑——时间会证明一切。

### 高效瘦身减肥

我的一位舞台总监朋友将近50岁，她的身体已经出现各种问题了，尤其有严重的湿疹，所以她来我这里学习轻断食（包括液体断食）。

她说，全世界的女人都应该来学习我这种高效的瘦身减肥法。通过我们所教的轻断食法瘦身成功的个案已经多得连我自己都数不清楚了，从1公斤到40公斤的记录都有。

有一位曾经在美容院花了将近100万元都减不了肥的学员来参加课程，实践我们所教的轻断食（断食+饮食）后成功瘦了下来，她感激地给了我们一个2000元的红包，说要赞助更多人来学习这种简单高效的减肥法。

还有我的好朋友孙萌的妈妈，她到了57岁，体重仍保持在63公斤左右，参加课程后就一直维持在55公斤，据说一辈子没有这么"瘦美"过，老人家真的是"千金难买老来瘦"。孙萌经常来感谢我帮她把老妈照顾得这么好，不光瘦了下来，还使她更加热爱生活，并学到了照顾家人的技能，所以我这个朋友没事就给我发红包，感谢我提升了他们一家人的幸福感[1]。

---

[1] 在P270，我们会读到孙萌妈妈（姜晓英）的精彩故事。

另外还有一位护士学员在学习并实践我们的轻断食一年后说自己现在是"胖瘦自如"，以前缠绕她的那个小肚腩不知不觉已经消失了[1]。

在过去8年的教学里，其实我从来没有强调过我所教的轻断食的目的是减肥，我更多的是告诉大家"减肥是副作用"，而且是最容易出现的"副作用"。我所教的轻断食方法是一种整体调养身心的方法，帮助身体回到它自己最舒服的状态，而大部分人都是因为不恰当的饮食导致整体或局部肥胖，所以在断食和饮食调整后身体就会自己归位，大部分人都会瘦下来（有几个脾胃功能特别差的没有瘦，偶尔也有增重的个案）。

所以，我认为我所教的这种轻断食如果用在减肥上的话，在市场上绝对有巨大的"竞争力"，价格低、成效高，而且一般不会反弹。虽然我从来不把减肥作为教学重点，但是它却成为了几乎所有人的焦点。比如我婆婆本来也是三高，后来上完课后瘦了10公斤，不再吃药就不说了，她说竟然回到生孩子前的体重，让她重拾了自信。

我先生同样是我的瘦身模特儿。他是电影导演，从事影视工作，经常日夜颠倒，三餐不定时（还要限时，忙起来时只能站着5分钟吃完）。大学毕业后的第三年，他严重肥胖，经常肚子痛，去医院也查不出来什么，认识他的时候我觉得他又胖又丑。与我一起生活后，他跟随我的生活习惯，学习断食，也学习饮食，成功减掉10公斤且没反弹，重拾属于他这个年纪应该有的年轻帅气，现在还骄傲地跟别人说自己"胖瘦自如"，还把自己的一次"21天轻断食"拍成一系列的视频，赢得不少网友的青睐。[2]

我听先生说，他在剧组里看到一些一线女演员都有非常严格的饮食才能保持那么好的状态，所以能够长期瘦下来的一定有些玄机在里面。其实来自英国的轻断食法不会像一线明星执行得那样严格，偶尔还是可以放纵一下，取悦我们内在

---

[1] 在P271，我们会读到梁悦的精彩故事。
[2] 在P283，我们会读到张杰的精彩故事。

的那只不羁的猴子。我所提倡的弹性轻断食也是，这样才符合现代人的生活节奏。

### 高效护肤、美肤

全世界的女人除了瘦身以外还需要高颜值。我们这种轻断食可以排出体内的毒素，为身体注入健康有活力的养分，使脾胃功能得到恢复，这样皮肤自然就会好。我在德国进行"稀释苹果汁液体断食"的第3天就开始对镜子里的自己很感兴趣，心里总是在说："哇，我的皮肤又嫩了一点，太神奇了！"

我大姐是从业20多年的美容师及中医师，我从她那里也学到了不少自然护肤的方法，在断食期间一起运用可以获得极好的效果，比如用清水加有机棉毛巾代替洗面奶来洗脸，用红糖和橄榄油去角质，用燕麦和亚麻籽做补水面膜等。护肤品与彩妆也选择无毒无添加的品牌。

### 自主亚健康调理

多少人因为亚健康去医院，花了很多钱却没有得到很好的效果呢？其实要知道自己是否已经亚健康很简单。我们一起做一个简单的测试。拿出一支笔，看看自己在第一、第二和第三阶段里有多少个钩[1]。在哪个阶段中有3个钩以上，即属于该阶段（若较低阶段与较高阶段都有3个以上的钩，则属于较高阶段）。

**第一阶段：不平衡**

□ 中度疲倦感。

□ 精神紧张，健忘，头脑不清楚，无法自我放松。

□ 头痛，肌肉紧张，局部麻木、抽痛、挛缩。

□ 食量突然增加，肠胃消化不良，特别喜欢甜食、高钠食物。

□ 全身或局部发痒。

---

[1] 姜淑惠.这样吃最健康[M].哈尔滨：北方文艺出版社，2009：14，15.

□ 有时咳嗽或打喷嚏。

□ 自己感受到潮热、潮红或畏寒。

□ 易出意外状况，经常有不安感、挫折感，心情郁闷。

□ 体重不正常增加。

## 第二阶段：废物堆积及不正常分泌

□ 呼吸时有异味，身体有异味（体臭），口苦咽干。

□ 鼻窦充血肿胀，反复咳嗽、打喷嚏，经常感冒、气喘。

□ 皮肤干燥或油腻，易起红疹，易过敏。

□ 身体过热，容易出汗，手足潮湿。

□ 打嗝胀气，便秘，腹泻，呕吐。

□ 女性痛经，阴道分泌物异常，反复发炎。

□ 反复头痛，肌肉、关节、脊柱僵硬疼痛，慢性背痛。

□ 频尿（尿色浅淡），乏尿（尿色深红），刺痛，四肢肿胀。

□ 严重焦虑、颓丧、恐惧、易怒，情绪不稳定。

□ 肥胖，高血脂，高血压，高尿酸，高血糖。

□ 易出意外。

□ 夜卧不安宁。

## 第三阶段：疾病形成

□ 慢性消化不良，饮食不正常，进食困难，溃疡。

□ 关节炎，骨质疏松症，痛风，退化性关节炎。

□ 偏头痛，长期习惯性头痛。

□ 白内障，听力障碍，记忆力丧失。

□ 失眠，精神萎靡不振。

□ 不孕症，性生活障碍。

□ 糖尿病。

□ 持续性感染，疱疹发作。

□ 肾结石或胆结石，肾脏病。

□ 躁郁症，歇斯底里症，精神分裂症。

□ 癌症（各种癌病变）。

□ 心脏血管疾病（心肌梗死，脑卒中，高血压）。

□ 其他退化性疾病，免疫系统紊乱疾病，不明发热。

□ 药品毒副作用影响肝脏及肾脏的病变。

你有3个以上的钩吗？你是属于第一、第二还是第三阶段呢？测试后你认为你在亚健康的行列里吗？今日社会中，亚健康情况很普遍，可是很多人出现亚健康的状况时却不自知，抑或盲目地去医院做各项检查（如果是第一或第二阶段的亚健康，去医院是查不出什么来的），或者是连查都不查，等到了第三阶段的疾病形成，那时候就已经太晚了。

许多亚健康者十分迷茫，总是会乱投医盲目治疗，花费大量的金钱获得短暂的效果。生病中的我们总是希望可以用最短的时间将症状消灭，然后就以为可以一劳永逸，但事实上，世界上根本没有这样的"速效药"。

在不断的外在干预的治疗中，我们都会忘记去寻找让我们身心失衡的真正原因。如果不从根本上去改变的话，疗效只会是短暂的，无法带来持续的健康。而如果我们选择轻断食（断食＋饮食）、适当锻炼、调节情绪并调整生活方式，很多亚健康状况都能够轻而易举地被扭转。

　　下面的统计图反映了我们抽样访问的学员在轻断食后身体状况明显变好的部分表现。可见轻断食是当前调节亚健康最有效和成本最低的方法。

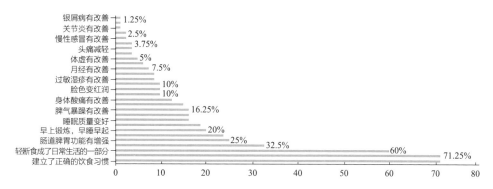

## 性价比高的重疾康复和产后康复

　　重病患者在患病时已经因为不同的手术或其他治疗花了很多钱，有幸生存下来的也需要花费更多的钱去康复或者维持生命。以我这个病为例，在香港打一支类固醇的针要一万港元，还不包括定期进医院做检查和需要服用的其他药物所需的钱。对于重疾康复，在传统的西医里其关注度还是有待提升的。

　　我自己康复了十多年，对于康复的漫漫长路有着深刻的理解，同时也跟那些重疾康复中的朋友们深有同感。希望能够通过我的经验让他们艰难的康复之路平坦一些。

　　重疾康复者的身心状态都非常复杂，而且每一个个案的情况都不一样，但有一个共同点，就是他们都希望尽早康复。因为我自己也是一位重疾康复者，所以我十分能理解重疾康复所需要的各种元素，其中饮食扮演着举足轻重的角色，其次就是锻炼、情绪和生活方式。

　　很多人对重疾康复的过程都有不少误会，以为还是要补，大鱼大肉地补，结果使得本来身体就虚弱的病人还要耗费大量的能量去消化。重病康复者应该吃更多容易消化和更高能量的食物，这样身体才有足够的能量去进行康复。

　　我一般不用"对抗疾病"这个词，因为我受姜淑惠医生的理念洗礼，认同我们的疾病是我们的一部分，好像自己生了一个先天不良的孩子一样需要去学习如何照顾他[1]。我很有幸在病重时遇到姜医生的书，并且庆幸自己有足够的勇气去尝试书中的方法，更有坚定的毅力去坚持，所以我现在起码看起来像个很正常的人。我不敢说自己100%从多发性硬化症痊愈，不过我已经知道如何去调节自己的身体，这十年没有再病发过。

　　虽然我看上去像个正常人，不过体质还是比较虚弱的，特别是在34岁那一年生了孩子后，我感觉又经历了一次死亡：阵痛一星期，在医院三天三夜生不出来，最后紧急剖腹产，刀口非常大，产后6个月伤口还是痛的。但是为了宝宝的健康，我在术后第二天就不再吃止痛药。宝宝出生后的第一天几乎像没有醒过来一样，也不喝奶，我好担心，怕是药物的影响，因为我做了全麻，待产时又打了很多针。我的产后康复真的是十分艰难，身体不好，情绪不好，和先生的关系也不好，那段时间我甚至有过离婚和自杀的想法。

　　眼看着自己好不容易花了十多年时间康复的成果一下子就没了，身心都垮掉了，体态也很难看。但是幸好，我的身体已经有了轻断食的机制，在身体不舒服的时候，它会告诉我需要做断食和其他的调整（静心、祈祷、听读正面的内容）。结果本来奶水不好、心情也不好的我再一次被轻断食拯救了。

　　我在产后3个月就已经恢复不少，到了6个月后比生孩子之前还要瘦。宝宝喝母乳到1岁多自然断奶，一直到现在都没有打过针、吃过药和去过医院，小毛病都是通过自然疗法来解决。

　　我们的课程也允许孕妇参加，而且我会给孕妇一个适合她们的以改变饮食结构为核心的流程，不少孕妇都反馈她们的孕期不良反应明显减少。我们的一位学员隐瞒着家人偷偷在孕期来上轻断食（初级），产后的哺乳期也来上液体断食，

[1]　姜淑惠.善待癌症最健康[M].哈尔滨：北方文艺出版社，2010.

她说这种轻断食的方法真的是产后修复最棒的方法[1]!

我在带领一些重症康复的学员时,也有过犹豫,因为断食不是万能的,所以我总会跟这些走在重疾康复路上的朋友们说:"断食不是万能的,健康饮食也无法让你一夜之间就治愈。不过如果你看了断食资料之后觉得想尝试的话,我可以帮助你。我觉得这种断食与饮食法会让你的身心都更健康,免疫力也会提升。身心强壮强大后,很多疾病就会自动离我们而去。"

让我印象深刻的学员有好几位,其中一位是高中生。她因为患了银屑病而辍学,非常自卑,后来上过课后,病情好转了不少,最后也重返校园了。她亲手画了一幅画送给我,我把它挂在家里。

我还遇到过一位自己的病友,一位28岁的年轻人,和我得了同一种病。他跟我学习了这一套断食与饮食法后,也告别了打针吃药,虽然没有像我这样奇迹般好转,不过病情也没有恶化。还有好些严重个案的主人公在我们的引导和陪伴下脱胎换骨,为了保护他们的隐私,我就不一一细说了。

所以,虽然一般的断食书会告诉大家重症病人不适合断食,也不适合轻断食,但是我所提倡的这种轻断食(断食+饮食+锻炼+心智调整),我认为是适合所有人的,因为我们会根据每一个学员的特点来指导他们如何根据自己的身心状态循序渐进地推进这个学习。我们所提倡的这种轻断食法并不是说一下子什么都断掉,而是分不同的阶段和学习内容的深浅,有选择地去取舍。

### 情绪调整(脱离抑郁情绪或提升幸福感)

德国断食诊所通过科学测试发现,断食会促使人体制造5-羟色胺,提高人的愉悦感和幸福感。有一次德国断食医学联盟举办全球医学高峰会,我及时地在线收听了全球的断食医生关于断食的各种研究发现,其中有一位医生让我印象非常深刻。他说自己多年前被老婆抛弃后觉得生无可恋,很想找死,于是去了一个度

---

[1] 在P264,我们会读到李丽洁的精彩故事。

银屑病学员送我的画作

假酒店把门关起来，准备把自己饿死。

房间里除了水什么都没有，他心想："死定啦！"结果10天过去，他不但没有死，而且心中有一种德国谚语里说的"肚子里有蝴蝶"的感觉——一般只有在初恋时才会如此形容，可是他那时候止在"被抛弃"的过程中，怎么会"肚子里有蝴蝶"呢？他觉得好奇怪，而且这种幸福感递增的感觉越来越强烈，强烈到他自己一个人在房间里开始傻笑，狂笑，觉得生命顿时充满了一种停不下来的喜悦，一点都不想死了，于是他离开了酒店后就开始研究断食期间在大肠里发生什么事情会让人傻笑——哦，是5-羟色胺和多巴胺在作怪！

这也是我当年的经历——自己一个人坐在小房间里偷笑。有一次，我做在线分享时讲到这个后收到一位粉丝的留言："我想有更多多巴胺，不过我不想断食。"我说："那谈恋爱吧！"她说："不可能了，我已经有两个孩子了，和我先生已经没有激情了。"我说："那断食吧！"这个世界上好像只有两件事情——断食与谈恋爱——值得我们去做，因为它们可以促成我们"肚子里的蝴蝶"的生长，让我们停不下来地狂喜！

在教学的过程中，我们也见证了许多学员的情绪变化，有一位企业女高管可以说是代表作了！她从前是一个不爱笑的人，看起来特别严肃，几乎有点嘴角往下的感觉。她在短短10天的液体断食中每天都变一个样，因为我们鼓励大家每天拍一张照片，我们可以看到她的改变，最后一张照片简直就是笑得合不拢嘴。在课程尾声的时候她在群里说："我连倒垃圾都要听《江南Style》。我儿子说：'天呀！我妈疯了！倒垃圾都在扭屁股！'"

因为她的情绪改变后吸收也变好了，本来消瘦的她体形变得很标准，在半年里增重10公斤，成为我们有史以来的增重冠军！所以，正确的断食法＋饮食法不仅可以减肥，也可以增肥！她说情绪变好后，她与孩子的关系也变得更好了，两个人一起边听《江南Style》边扭屁股边倒垃圾。

### 增强记忆力（左右脑的发展）

美国的断食研究表明，断食对大脑的保护有显著的效果，而我自己就是这个结果的见证人。我在德国准备毕业论文和毕业考试时，那一年我只有三分之一的时间是正常饮食的，其他时间都是在轻断食的状态（不同程度的断食＋本书介绍的饮食）。以前我总是记忆力很差，但是那一年看书简直可以说是"过目不忘"，学业成绩从经常不及格到最后硕士几乎满分毕业，被教授抢着要我读博士。这对于一个从小成绩就很差，并且长期服用药物的人来说，真的是难以置信！

我那时候已经26岁了，绝对不会想到自己还有第二次大脑发育，结果还真的有！在书中介绍的这种轻断食方法的支持下，我成功通过了德国地狱式的考试——10个小时的笔试、2个小时的口试（英语、德语、西班牙语、法语）以及200多页的用德语写的毕业论文！持续的轻断食状态让我从学渣变成学霸！这不是每个家长都希望的吗？

下一页是我创作的第一首曲子——*Lokah Samastha Suhkino Bhavantu*，是一段梵语的经文，意思是"祝愿所有生命都快乐和自由"。这首歌现在是我们每天餐前的感恩歌，也成了我们学校的校歌。我儿子从1岁开始也学会了，每天吃饭前他都会唱。大家可以扫码（右）听一下，希望你们喜欢。

上面说到的，我认为更多的是左脑的发展——逻辑思维。姜淑惠医生提到，自古以来，思想家、艺术家遇到思想瓶颈时都会采用断食来突破。而在断食期间，我果然明显感觉到我的右脑也被开发。在我轻断食高峰那一年，也就是我硕士毕业那一年，我感觉到我在轻断食的状态下灵感爆棚，甚至开始听到脑子里有一些旋律，便哼唱起一些歌。我很好奇："难道我会作曲啦？"于是我去找了我的舞蹈老师，她也是钢琴老师。我跟她说："我最近脑子里有很多旋律，你说作曲能学吗？"她说："不知道，试试看。"

结果我们坐下来上了第一课后，我就突然会即兴弹奏了，连我自己都吓了一跳！我在出国前学了5年的古典钢琴，后来只是偶尔弹弹，但是已经放下来10年的钢琴竟然不仅没有退步，还奇迹般地突飞猛进了！我在离开德国前写了好几首歌，旋律和歌词都有。除了音乐，绘画方面我也突然上了几个台阶，我身边的朋友都很惊讶，也包括我自己。原来我们的潜能还有这么多没有被挖掘的！原来成年后我们还能成长发育！

如果父母们都知道原来轻断食可以让孩子的左右脑发育得更好，让潜能发挥得更好，我相信会有更多幸福的孩子与父母！不需要强迫孩子学习，更不需要强迫孩子学音乐或其他艺术，因为这些种子本来就在我们的基因里，只需要用适当的方法去激发而已！

*Lokah Samastha Suhkino Bhavantu*

会弹钢琴的朋友们可以自弹自唱

在香港感冒发烧，去一个小小的私人诊所挂号看医生，拿3天的药要四五百港元——生病很昂贵，很多人都病不起，相信你也不希望自己的钱经常如此冤枉地溜走吧？所以，我们必须经常练习轻断食，如此我们就可以在家轻松观察自己的健康状况，以便及时调整。自我检测第一是启动自我保护机制，提高身体敏感度，让我们可以更容易自我觉察到自己的健康状况；第二就是通过轻断食提高二便（大小便）的质量，从二便的形态我们也可以观察到自己的健康状况。

**启动自我保护机制，提高身体敏感度**

大家不要小看这15个字，这里面隐藏着巨大的玄机。以我自己多年的病史来看，我认为导致我们生病和生病后乱投医的最大原因就是，我们对自己认识不足，对自身的身体失去了敏感度，不知道在什么时候应该给身体吃什么、看什么、听什么、做什么。而轻断食可以让我们创造内在的空间，让我们重拾这种每个人本来应该具有的能力及身体与生俱来的机制。这个听起来，大家觉得有点难以置信，不过这就是大部分学员学习后的心声——通过一次有效的轻断食，学员都会感觉到自己的身体比以前敏感了很多，特别是味蕾以及身体里的感觉。

我们有一位咖啡师学员，他患有荨麻疹，轻断食后就好了，而且他的味蕾比以前灵敏了很多。我们的同事珊珊是一只馋嘴猫，以前在设计公司上班时经常吃零食，整个人变得很肿胖。学会轻断食后，她就知道如果吃多了，身体会告诉她，她会进行1到2天的液体断食来清理身体[1]。

---

[1] 在 P281 可以读到珊珊的故事。

温馨提示：

以下将深入并细致地探讨我们的大便和小便，如果介意的话请直接跳过。不过对于想认真学习如何自测健康的读者来说，这将是本书的高潮，也是我多年实战经验的精髓，绝不能错过！

…………

缓冲（和思考）区域

…………

我先生每年年底都会跟他的老师去泰国静修营。今年年初回来后，他一如以往把自己吃胖了。不过他现在已经一点都不担忧了，他说自己已经掌握了轻断食的秘诀，所以他决定实践几天看看。过了几天，他给我发照片说自己已经瘦了。

周末回家（他平时在深圳工作，周末回广州），我们一起出去玩，到海珠湖吃饭时他点了一份猪脚姜。我心想"喜欢就吃，吃多了就断吧"，所以也没说什么。回到家不久后，他从厕所高兴地走到客厅叫我：

"宝贝，你快来看！"

"看什么呀？"我说。

"看我的大便呀！好漂亮！"

于是我立马进去欣赏了一下他那一根起码有20厘米长、没有切口的男神颜值的便便，并且给他一个肯定的赞美："哇！你的便便颜值好高呀！"

他得意地说："我从泰国回来便便不好，轻断食几天后，我感觉我的肠道修复了很多。好久没有看过自己这么漂亮的便便了。你欣赏完帮我冲了吧。"然后他潇洒地离开了厕所。

这要归功于他对自己身体敏感度的提升，让他懂得如何随着不同的环境来通过轻断食调节自己的身体。

## 提高二便的颜值

去看医生，我们都会习惯性地问："医生，我缺什么吗？"医生也会问："你吃了什么？"如果一个垃圾桶只进不出可以吗？自从学到了这种少吃多排的饮食法后，我开始对二便的形态很感兴趣，原来我们可以通过观察我们的大小便来辨别我们的健康状况。我还曾经做过一个月的便便日记，用于在高阶课程里和大家分享。以我来看，轻断食的又一个重大好处就是"提高我们二便的颜值"！

面对这个话题，大家不需要不好意思，反正我又不在你面前。如果在你面前的话，你更加要抓紧机会问，更不要不好意思了。这是一个极有意思的话题，现在和大家分享一下我自己对于二便的心得，好让大家知道为什么提高二便的颜值是如此的重要。

## 通过便便自我评估

这些年来，我经常会观察与思考便便。正常人的肠道里囤积着2.5~3公斤的大便，一天3~4次的大便才是最完美的。可是现在多少人能有如此惊人的、让人羡慕的大便量呢？我总结出几个简单的要点，希望可以让大家通过大便更了解自己的身体。先说几个可能让大家诧异的观点：

大家都以为很脏的大便，其实里面充满了五颜六色的玄机，等待着我们去探索

次数：一天没有2次大便属于轻度便秘。其实在我身体状态很好，而且一天只进食两顿时，我竟然有4次非常成形的便便。所以大家第一要观察的是我们大便的次数。

形态：健康的大便应该又长又粗，而且还没有切口，软硬适中，颜色是咖啡色（比卡布奇诺咖啡颜色偏黄）。

力度：在解放的刹那，感觉是轻松简单还是吃力呢？应该是轻松的，感觉大便像一条鱼一样滑出来。

从次数、形态、排便的力度来观察自己的健康状况，一旦离开了正轨，就应该注意自己的饮食、运动与作息并且马上进行调整。

经验分享：

我平时做个案的时候，会给学员们一个很详细的表格让他们填写他们的大便情况，一旦看到"硬邦邦，灰色"或者"水便，不成形"，就知道这个人已经处于亚健康状态，甚至患有一些比较严重的疾病了。比如，很多我咨询过的癌症病人的大便都是硬邦邦的，几天才一次；气虚的人，他们的大便都比较不成形。

除了我先生的便便，我儿子小花生的便便也是我经常喜欢研究的对象，看着宝宝的便便就知道他的身体状况。在他快两岁时，本来想送他去幼托，以为有更多孩子一起玩会很开心。学校要求孩子做血液检测，我们去附近的诊所，从来都没有打过针的小花生当然极度恐惧，哭得像要被人宰了一样，当天晚上他的大便是黑色的。幼托去了仅仅4天，他的二便都不正常了，且脸色灰暗，我们就没有让他继续上了。幼儿的语言表达能力很差，妈妈们要通过孩子的二便来检查他们的健康情况。对于年长的孩子同样可以通过这个方式去观察，大人也一样。

> 　　我们所追求的高颜值的便便，应该是咖啡色，一整条，没有切口，形状如同比较粗的香蕉。如果便便很细的话，则表示身体可能比较虚。如果想深入学习相关内容，有一些专门讲大便的书值得大家参考，例如有趣的《大便书》等[1][2][3]。

### 通过尿液自我疗愈

大家都知道喝水很重要，而排尿其实也是同样重要的。关于尿液，其实是有很多研究的，如果大家有兴趣的话，可以去看看我读过的两本书[4][5]。这里我只是想简单地说说一般人如何通过尿液来检测自己的身体，非常通俗易懂。我们分六方面去观察：

容量：如果每次小便都只是一点点的话，我们就需要开始注意。

**个案分享：**

曾经有一位学员有肾炎，一天喝水不超过200毫升，无法自己小便，后来通过我们所教的喝水方法，四个月后就能自主小便，每天喝水量达到800毫升。

次数：如果小便太频繁，特别是晚上一直要夜尿的话，就需要关注肾功能。

［1］　寄藤文平，藤田纮一郎.大便书 [M].吴镨煌，译.成都：四川科技出版社，2017.
［2］　藤田纮一郎.大便书2：藤田纮一郎趣谈身体排放物 [M].陈涤，译.北京：化学工业出版社，2012.
［3］　斯达菲尔特.孩子应该知道的秘密：我们一起聊大便 [M].徐昕，译.北京：人民文学出版社，2017.
［4］　Christy M.Your Own Perfect Medicine[M]. Arizona:Wishland, Inc, 1994.
［5］　朱丹溪.祖传尿疗法 [M].台北：于柯文化出版社，2007.

**个案分享：**

曾经有一位学员进行我们所教的轻断食+饮食法6个月后就告别了8年的夜尿！我也是从一晚上不知多少次的夜尿（生病时）进化到可以一觉睡到天亮的。所以正确的轻断食+饮食法是很不可思议的。

**颜色：** 观察我们尿液的颜色深浅，就能判断自己身体的通畅度。如果你在家吃很多的蔬菜、水果与全谷物的话，你会发现你的尿液颜色偏淡，味也淡；如果你在外面大鱼大肉而且还吃得很重口味的话，你会发现你的尿液颜色很深，还很臭。身体越干净和通透，尿液的颜色也越淡，健康指数明显偏高；如果尿液颜色很深，说明身体很浊，需要注意调整。

**味道：** 一个健康的身体排出的尿液是淡淡的，不会很臭；如果很臭，证明我们的身体还不够干净。

**个案分享：**

2009年，我在阿根廷进行果汁轻断食的时候，同时也在进行尿疗法。那时候正好是水蜜桃丰收的季节，我发现自己的小便像香槟一样漂亮，而且带着水蜜桃的味道。后来碰上圣诞节，我的老师做了很多好吃的，虽然是素食，但因为西方素食一般都有很多的奶制品，我就吃了不少奶酪，第二天尿液就好咸。所以，如果大家想通过尿液自己检测身体也是一件很简单的事，试一下它的味道就知道了。

**忍耐度：** 我们可以忍多久才上厕所也能说明我们的健康状况，肾功能越好的人越能hold得住。如果有一些人连打喷嚏时都会漏尿的话，证明他的肾功能开始出问题了，气虚也明显，内脏有下坠的倾向。

**个案分享：**

我自己本身就有尿频的问题，后来通过轻断食，这些状况都消失了。我二胎怀孕初期，晚上要上7次厕所，基本不能睡觉。后来我把晚餐取消掉了1~2周，改成吃早餐，身体就自动调节了，现在继续不吃早餐+吃晚餐也不会有夜尿了。稍微调整一下我们的饮食结构，身体就会给我们巨大的回响。我们要用心去聆听它。

舒服度：小便时的舒服程度也能说明我们的健康状况，有些人可能要很用力才能排出，有些人则很轻松。当然，越轻松代表越健康，如果要等很久而且需要很用力的话，则说明健康已经开始亮起红灯了。

**温馨提示：**

以上内容可能会引起部分读者的不适或争议。它们属于我个人的经验与分析，如果想进一步研究的话，建议大家去看我推荐的相关书籍。

### ■ 节省家庭开支

我们总是觉得钱花比赚要快，你也有这种感觉吗？如果是，那你简直要疯狂地爱上我所教的这种轻断食生活！

以我家为例，我先生非常喜欢去喝早茶，三个人一般要用80元，一周去三次，一个月就是960元，光吃早茶一个月就要花掉将近1000元！如果我们换成喝蔬果汁，原材料的成本三个人可能最多也就15元，而且是有机的蔬菜，一个月下来也就180元。以前我们每个星期起码在外面吃两顿晚餐，每顿两三百元，如果按250元一顿来算，一个月下来就2000元了。如果我们这两个晚上在家做轻断食，自己打个浓汤或者吃代餐的话，一家人每一顿的成本在20~30元之间，如果按25元一顿来算，那么一个月下来只不过200元。如此一算，按这种饮食法的话，一个月不知不觉就省了2580元！一年就是30960元！20年就是619200元！这些钱在一些小城市可能都可以买一套房子了！

我们还没算因为这样的饮食与生活习惯所获得的健康和节省的医疗费用。特别是小孩与老人，去一趟医院，花个上千元是很平常的事。在香港的私人医院，做一次心脏疏通手术（通波仔）就要35万港元，一次简单的CT也要1.2万港元。昨天在广州做足浴，那个师傅说她妈妈因糖尿病并发症住院，七天花了6万元，这还算是少的呢。此外，生病入院，因医疗还要承受很多的痛苦。所以大家对这笔账一定要自己算好！

我先生小的时候，我婆婆就是习惯性地带他去医院打针，打到他屁股的肌肉都变硬了。现在碰一下他的屁股，他就说这部分的肌肉好像有记忆一样，总是会想着小时候被打针的场景。

自从我们在一起后，他只进过一次医院，是因为在泰国乱吃东西加上疲劳，得了带状性疱疹，整个腰起了一圈的疹子和泡泡，痒得不得了，开了一些膏药回来。他让我帮他涂药，我一边涂一边说："不涂了，没太大用，你不如断食几天吧！"然后鼓励（强迫）他断食几天，后来果然痊愈了。那些膏药都被我扔进了垃圾桶。

我婆婆以前也是会有各种身体不适，而且也会习惯性地去医院做检查，希望医生给她开点药马上解决。现在如果有不舒服的话，她就会主动轻断食几天，轻松解决问题。

就这样，我们的家庭开支变得越来越少，节省下来的钱可以拿去买更需要的东西，或做更有意义的事情。

### 促进心智与灵性发展

传统的断食疗法有许多从宗教文化里延伸出来的方法，都很强调心智与灵性的发展。现代的德国断食诊所其实也很强调断食期间的心智与灵性成长。我自己在这些年的断食经验里也有深刻的体会。在轻断食的状态下，我感觉到内在的空间在不断扩张，度量变大，人变得宽容，真的有海纳百川的感觉。平时让我烦躁生气的事情在此时根本影响不了我的情绪，任何事情都无法让我烦恼。到了上海的第二年春节时，我做了一次28天的轻断食，感觉人生的一切问题都被解决了一样。

我们的一位新疆学员黄卉，在轻断食体验中获得了巨大的心智与灵性提升。通过轻断食，她感觉身心腾出来很多的空间，觉悟到：其实食物不是讲营养，而是能量；生命不是讲加法，而是减法。她在实践轻断食生活方式之后，不仅所有小毛病都消失了，体重得到控制，更重要的是"心灵品格"升值了，人生观也被改变了。轻断食让她彻底领悟到我们必须懂得舍弃什么才能知道我们真正需要什么，让她完全可以了解与掌控自己的身体，自己内外都散发出无穷的活力，身边的人见到她都忍不住赞叹[1]。

看了上面的描述，你是否对断食与轻断食有了更进一步的了解与肯定，并且已经开始蠢蠢欲动了呢？我想一定是的！下面就会讲到具体的方法与技巧。

---

[1] 在 P277 可以读到黄卉的精彩故事。

# 第二篇
## 安全轻断食必备指南

第四章

# 轻断食的方法与技巧

　　讲到轻断食的方法与技巧真的让我好激动，因为我终于可以把我18年来积累的经验和全世界分享，让所有人都能从中学到科学与安全的轻断食法了！不过同时我也要诚实地告诉大家，轻断食的方法层出而无穷，一万个人有一万种不同的方法，而一种方法应用在一万个人身上就有一万个不同的结果，所以我这18年的经验肯定也不过是博大精深的断食疗法的冰山一角，冰山一角以外的地方等待着大家通过自己的实践去探索与领悟。所以，我也只能把自己到目前为止所掌握到的有限的知识与大家分享，领悟也许需要每年更新！

　　下面所告诉大家的方法与技巧都是通过我自己以及我们一万多名学员的实践所总结出来的，其中有很多是走过弯路再拐回来得到的。希望大家可以通过我的分享少走一些弯路，直达光明正大与安全的路上，尽早体验轻断食带来的好处。

## 轻断食的准备："饮食、锻炼、情绪" 知行合一

　　要做一次非常成功的轻断食应该做哪些事情？为什么有人失败有人成功？

秘诀在哪？充足的身心准备就是成功的秘诀。希望大家知行合一，不只是停留在"知道"，而且要"做到"！

越简单的事情越容易被人忽略，但是简单的事情才能被坚持，能被坚持下来的才能成为习惯。像习武一样，需要不断重复才能成为本领，想想李小龙的武功来自背后多少的练习。大家现在在我身上所看到的结果也是经历了很多的重复练习、失败与继续尝试才换来的。如果你相信就试试看。如果你不信，更要狠狠地试试看，去印证属于自己的真理。万一你成功的话，你必定会和我一样练出一身很好的"轻断食"功夫，健康美丽永伴着你！

### 饮食

关于食物的准备，我们是因人而异的，大家可以对号入座。

**有钱有闲动手能力强的人**

需要准备：一条漂亮的围裙、一台破壁机、蔬菜脱水器、有机食材、有机调味料、炉具、漂亮的餐具、一张实木的桌子或者一个托盘。

一条漂亮的围裙

穿上一条漂亮的围裙，马上让你进入角色！

一台破壁机

市面上从一千多元到一万多元的都有，按自己的经济能力来选择。

蔬菜脱水器

在我们的体系中，轻断食期间是需要吃沙拉的，而想做一盘好吃的沙拉的话，你的绿叶菜不能带有很多的水，所以一个脱水器很重要。

有机食材

我们推荐大家食用有机的蔬菜，现在国内已经非常多，大家可以在网上搜索到。

在德国的时候，我那位70多岁的老太太老师告诉我说，德国40年前也没有有机食品，有些卖面包的还把米糠放进面包里。后来出现了有机蔬菜，她坚决响应。如果有两盒菜，其中一盒上面写着"有机"，而另一盒没有，她一定会购买"有机"的，哪怕只有一半是真的，那也少吃了一半的农药。

老师的话像烙印一样在我心中永远忘不掉，所以我后来都是尽量选择有机的。我初来内地时，有机蔬菜是比较少的，但是现在超市里也有了，大家看标签就行了。如果买不到有机食材的话，起码要选择"绿色"或者"无公害"，在珠三角还有一种叫"供港"蔬菜，这几种都属于农药比较少的，但不是没有。

如果买到这些菜的话，最好的处理方式就是买一台臭氧机去除农药，也可以用小苏打或者盐水，甚至只是用清水浸泡都会使一些农药溶释。当然，大家也可以用自己熟悉的去除农药的方法。但是有一点大家必须清楚，我们可以把农药去除，但无法把天地的精华、有机蔬菜应有的营养补充进去。所以大家不要以为有机蔬菜贵舍不得买，它们一定比药便宜，而且你吃了健康又美丽。

当我们整个国家对有机蔬菜的需求变大后，它们的价格也会下来的。在德国，有机蔬菜价格比一般的蔬菜只贵30%而已。其实我们少买一些不必要的闲物就可以了，在吃上面千万不能省，否则之后的医药费更贵呢。

除了有机蔬菜以外，还有一些有机的五谷杂粮，这些都可以购买到。一起享受大自然的馈赠！

### 有机调味料

前面说的蔬菜沙拉和东北的大拌菜稍微有点不一样。我的东北婆婆做大拌菜的时候会用热锅去烧油，然后再淋在生的蔬菜上。这样当然口感非常好，不过为了达到最好的效果，我们一般不建议大家用加热过的油，因为冷压的油更容易吸收。在本书的菜谱里，大家会看到我的一些沙拉酱。我建议大家去购买有机的调味料。

大家可以拿起家里的调味料看看它们的成分表，一般都是有蛮多添加剂的，吃了几十年可能都麻木了。在进行极高效的轻断食时，我们是建议不摄入任何添加剂的。只要我们的身体连续一周（身体比较敏感的人仅需几天）不摄入任何添加剂，你突然会发现原来那杯用来提神的咖啡是多余的。

有机调味料用量不多，也不会很贵。钱花在你的健康上，每一分都是最高回报的投资。

### 炉具

建议大家用明火的煤气炉或者电陶炉。避免用电磁炉，因为有辐射。如果大家买了很健康的食材，但是烹饪方式错了，那就很可惜了——发挥不了食材的最大潜力，而且还损害它的营养结构。

### 漂亮的餐具

轻断食期间，你吃得会比平时简单很多，所以这段时间你会特别珍惜与食物之间的相处。如果搭配上漂亮的餐具的话，你的心情会更加愉悦。

### 一张实木的桌子或者一个托盘

如果你想为你每一顿珍贵的轻断食餐留下纪念的话，你需要有一个好的拍摄背景，一般是用实木的桌子或者一个纯色的托盘来呈现食物的艳丽。下载一个好的拍摄修图软件，"咔嚓"——给轻断食的食物留下一张"性感"的写真，感动自己，诱惑别人。

## 少钱少闲者

对于暂时少钱少闲的朋友，我们可以自己制作甜蜜蜜的代餐，如下：

● 器具准备

找一个能装2升水的有盖空瓶子。

● 材料

1000克有机即溶燕麦片；

350克有机生亚麻籽磨粉或者其他生的种子（奇亚籽、黑芝麻或白芝麻）磨粉；

500克有机葡萄干和生的坚果碎（生葵花子、南瓜子、腰果、松子、杏仁、核桃，避免用花生）。

*这是我研制的轻断食代餐——甜蜜蜜，好吃好看又很有效*

● 制作方法

带着满满的爱心把所有材料混合后放在你准备好的容器里，密封保存。天气湿热的时候，需要放入冰箱保存；在干燥寒冷的日子，一般常温保存3个月。

● 吃法1（热水）

取50克甜蜜蜜用热水泡过后，搅拌一下就可以吃了。热水最好不要100摄氏度，一般80摄氏度就可以让这些食材马上软化。

● 吃法2（热奶）

取50克甜蜜蜜用热的牛奶/豆浆/植物奶/坚果奶泡过后，搅拌一下就可以吃了。这样的味道会比较浓郁，大部分人比较喜欢。

● 吃法3（生机）

取50克甜蜜蜜用40摄氏度以下你所喜欢的液体，可以是水，也可以是果汁或者酸奶/牛奶/豆浆/植物奶/坚果奶，泡过后搅拌一下，静待20分钟，等你看到食材充分将液体吸收后就可以吃了。这样的味道会比较生，对于大部分人来说比较难接受，不过从食物能量来看却是最好的，因为里面的生种子的活性得到了保护。

这个配方真的很宝贵，是我从遥远的阿根廷和德国获得的启发。当时我跟的自然饮食疗愈导师Leticia Pazger教我吃生的谷物与种子。我当时在老师家里第一次在新鲜的橙汁里吃到现磨的糙米粉（极少量，可能一茶勺），真的有点害怕，不过喝了之后感觉肚子里马上就有"气"冒上头顶，和断食几天后那种感觉一样。我第一次切身感受到食物的能量！

等我从阿根廷回到德国后，我就开始天天都吃各种生的种子，买了一个磨咖啡豆的小机器每天现磨。后来楼上50多岁的单身邻居某天到我家，看到我吃得这么奇怪，就对我的饮食很感兴趣。我跟她交流后得知她有长期便秘的问题，就为她研发了这个方子。没想到改变早餐架构短短一周后，就为她解决了多年的便秘难题！告别便秘后，她不仅没有了小肚子，本来无神的眼睛也开始透着光芒。那

生的种子（例如绿豆、藜麦、荞麦、南瓜子、苜蓿籽等）也可以用于培育生机芽苗菜，同样可为我们的身心带来正向的能量（图为用生的苜蓿籽培育出的苜蓿芽）。方法：①将种子泡水10小时后捞出，放于通风的不加盖的容器里（例如玻璃瓶子），每天冲洗种子即可；②使用发芽罐（网上可以买到）

是我第一次用食物帮别人解决健康问题，而且还顺便"整了容"，让她看上去年轻了好几岁。

大家可以选择让这个代餐成为你每天的早餐或者晚餐，或者密集式每周选1~2天只吃它。较肥胖的人可以吃7~14天。这个配方可提供身体所需的所有营养，非常安全、有饱腹感，而且瘦身与净化身体的效果十分明显。能买到有机的食材是最好的，没有的话，记得在瓶子贴上高能量的文字如"谢谢你，我爱你"来加持它。

代餐吃无聊了怎么办？

代餐吃得太无聊的话，可以用一份当季水果来代替，一般建议用平性的水果，如苹果。体寒的人避免吃太寒凉的水果，如西瓜和香蕉，等身体调理好后才可以吃。

五颜六色的水果属于最高能量的食物之一，让人一看就心情愉悦

**有钱没闲者**

市面上的代餐大多是粉状的，其实对于入门的人来说是不太适合的，用半固体会更好一些，所以我研发的代餐就是半固体的。当时我花了三年的时间在上海

到处去免费分享轻断食的好处，并且教大家自己动手做代餐。可惜很多人都说："太麻烦，不如你做好，我给你钱。"

于是开始有学员带着保鲜盒到我家来拿代餐，我按不同的人的状况给他们不同的食物。我从我的食物墙上挑选各种干燥的食材，简单加工后就可以让他们带走。

无论何时，我都可以享受到自己研发的健康代餐，真的让人很幸福和安全！但我在课程上不会强调大家必须吃我研发的代餐，我们以教育为主，以代餐的成分表来作为一个教材教大家去看成分，去辨识不同代餐的区别，然后随学员选择他们自己最喜欢的代餐来做轻断食。

所以，下面我同样会以这种方式来教大家去辨别不同的轻断食代餐，希望大家走到哪儿都能得心应手地掌控自己的轻断食。

● 形态

一般市面上的代餐以粉状呈现的较多，即将各种谷物、蔬菜、坚果、水果、盐、汤、香料等混合后研磨成粉。也有一些代餐以液体为主，带有一些颗粒，如此有一点点咀嚼动作，通过口腔的运动，大脑会获得信号而产生饱腹感。第三种就是半固体，即以固体食物为主，加一点点研磨的粉。我所研发的代餐属于第三种，也是属于最适合入门级别的，因为饱腹感很强，但是热量很低，一日三餐也不超过600千卡，差不多和三杯果汁一样。

如果希望做一次高效的轻断食的话，就必须找到高质量的轻断食代餐，如此才可以让你的净化旅程事半功倍。我们一起来看看如何寻找优质的代餐吧！

● 第一准则：食物挑选最高准则——全食、生机、悦性、有机

这是我个人认为能量最高的食物分类法，也是台湾姜淑惠医生的书《这样吃最健康》所提倡的饮食理念。

全食、生机、悦性、有机是我们选择高质量的代餐的准则，也可以是我们日常饮食的准则。无论我们短期或者长期摄入这些高能量的食物，我们的身心都会

以很快的速度给我们回馈。你可以试试哦。

国外一些纯生机的代餐也很不错的，不过价格会稍微高一些，而且液体多于半固体。对于初学者来说，纯生机代餐可能饥饿感会比较强烈，如果想要尝试，可以与半固体的代餐交替着吃，实在太饿的话，可以补充水果。

● 第二准则：无添加剂、无精制谷物、无精制盐、无氢化油、无白糖或代糖

除了看第一准则以外，大家也要看看成分表里有没有添加剂，一般看不懂的那些都有可能是添加剂。查一下就可以知道这个成分到底是什么，如果是非天然的话，就不要选择了。

另外就是无精制。精制的谷物去掉了外壳——那一层最富有营养的外衣，剩下来的基本上就是淀粉，即纯粹的糖分，有血糖问题的人吃了之后血糖浓度会升得非常快。全谷物的食物因为含有丰富的矿物质，人们吃了血糖浓度不会波动得这么厉害。有一些所谓的"营养米"是由一些碎米渣滓合成，然后额外添加化学的营养成分，这种非天然的营养身体是难以吸收的，营养价值也不高。

精制的盐对身体也是不好的，因为里面添加了不同的化学成分，建议大家选择海盐、喜马拉雅盐或者竹盐。精制盐里额外添加的化学成分，大家可以在网上查询到。

另外就是氢化的油脂，它的名称有"氢化植物油""植物奶精""植脂末""起酥油"和"植物奶油"等。这种食品原料也是需要避免的，因为这种油很难被人体吸收，摄入过多很容易导致血管堵塞。

白糖和代糖都是工业产物，属于低能量的食物，任何时候都不建议摄入，特别是在轻断食期间。轻断食期间为了有最好的效果，我们应该选择最高品质的食物。关于白糖和代糖对身体的危害，在网上随便搜索一下就可以找到很多，大家可以搜索看看。建议大家选择富含矿物质的糖，比白糖好一点的是赤砂糖，再上一级的是天然红糖、椰子花糖或者枫糖浆（Maplesyrup）、糖蜜（Molasse）、龙舌兰蜜（Agravesyrup）。

## 关于白糖的小故事

我很久以前读过一篇讲白糖的文章，说把一群白老鼠放在实验室里，并在实验室的中间放一堆白糖。然后大家猜猜会发生什么事情？

…………

留白是为了给大家充分的时间去思考和猜测：老鼠进入这个实验室里会有什么反应呢？

…………

这些可爱而聪明的老鼠进入实验室后绕过那一堆白色的化学物，一点点兴趣都看不出来。后来做这个实验的科学家问大家："连白老鼠都不吃的东西你们还要吃吗？"

我在读姜医生的书的同时跟一位阿根廷的老师以及一位在德国居住了40多年的美国老太太学习食物疗愈，他们两个都告诉我不要吃白糖。我通过自己的实践，也发现吃了白糖后喉咙的黏液特别多，人也会容易累。

我德国的钢琴老师皮肤很容易过敏，特别是吃了白糖后全身都会起疹子，如果吃其他糖就不会。背后的原理是白糖与红糖的原料虽然都是蔗糖，但是在生产白糖的过程中会把里面的矿物质都去掉和漂白，所以白糖很难被身体转化成能源，就囤积在身体里变成负担。好像精制的米失去了外衣（矿物质）后也不易长虫，因为这些工业精制过的食物已经没有营养了，连虫子都不想吃[1]。红糖的制作过程中保留了蔗糖的矿物质，进入身体后能够被消化与吸收并且转化成能源。

---

[1] 袁维康.营养谬误[M].南昌：江西人民出版社，2009.
袁维康医生是美国克雷顿自然医学院医学博士、中国湖南中医药大学医学博士、香港大学牙科医学士，临床技能信息学创办人。

我的德国老太太老师Suzie给我看过一本德国牙医写的关于糖的一本书。在她那个年代（40年前），根本没有什么关于这些现代化的食物的信息，而且这些食物是被主流社会所歌颂的。Suzie有4个孩子，其中一个孩子的眼睛近视情况越来越严重，Suzie到处寻医都找不到答案，最后竟然从一位牙医那里知道关于白糖的秘密。医生说白糖会让孩子眼睛的肌肉松弛，需要完全禁食一段时间。后来Suzie非常狠心地断掉孩子所有的甜食一段时间后，那个孩子的眼睛真的不药而愈了！

### ▓ 锻炼

谁都知道要锻炼身体，但就是无法战胜心中那只懒虫怎么办？我从小也是一个懒人，长得又胖，真的好讨厌体育课，跑起来大腿的肥肉都要打架，每次上体育课都觉得好痛苦。但是我深知懒惰造成了自己的疾病，所以在生病之后强迫自己开始锻炼。在自序里已经跟大家说过，我因为生病都快变成会十八般武艺的运动员了，从游泳、跑步到体操、跳舞、瑜伽、徒步、功夫以及刺激的滑浪风帆都做过。

我应该是这个世界上最不愿意当体育老师的人了，但是我竟然成为了一位轻断食导师，逼着我不得不教大家锻炼！于是我研发了一套懒人专属的"土豆操"[1]（见下页）给轻断食的人来做，因为我知道我有成千上万的"懒胞"，必须有些既简单又有效的锻炼法，才能把他们从舒适的沙发中拯救出来。

那些有氧、无氧的运动都非常好。如果你平时就有锻炼的习惯的话，可以省略这一节。不过你或许也会对我们的土豆操感兴趣，因为这是我和我们的帅哥中医师一起研发的，小小的功法，可以锻炼到身体最重要的几个经络，投入小，回报大，值得学一下，以备不时之需，或者教家人、老人和小孩锻炼都是非常好的。

---

[1] "沙发土豆"一词来自英语的谚语"Sofa Potato"，形容那些像土豆般胖的人懒洋洋地坐在沙发上看电视啃薯片（也是土豆做的哦）。受此启发，我发起过一个"沙发女神"的线上土豆操打卡活动，参与人数将近500人，非常好玩。

# 土豆操

## 拍土豆

肩膀沉下来,
不要贴耳朵

膝盖弯曲

好处：改善心肺功能、缓解胸闷
适合人群：所有人群

## 挂土豆

在相对硬的垫子或
地板上进行

不能在软的床上

好处：改善睡眠、血液循环、心肺功能
适合人群：所有人群，尤其是大腿很粗
的人群

## 捞土豆

手往上提,
自然吸气

肩膀不要
贴耳朵

手往下捞,
用力吐气

大脚趾向前,
与膝盖在一条垂直线

好处：改善心肺功能、缓解胸闷
适合人群：所有人群

## 滚土豆

找一个有厚度、稍微
软一点的垫子，但不
能在软的床上做

空腹

好处：改善腰酸背痛
适合人群：腰椎间盘突出患者、月经
期女性以外的所有人群

## 炖土豆

保持笑容，
眼睛向前看

肩膀沉下来，
不要贴耳朵

肚子收进去，
尾骨收起来

大脚趾向前，
与膝盖在一条垂直线

好处：改善气虚、便秘、肉松、虚胖

适合人群：膝关节受伤者以外的所有人群

## 煎土豆

肩膀与屁股在
一条直线上

屁股沉下去

好处：改善气虚、便秘、肉松、虚胖

适合人群：肩膀、手关节等受伤者以外的
所有人群

这套懒人高效锻炼操真的是我的骄傲之作，既可以帮助我自己在忙碌的生活中随时随地练习，更可以帮助更多人通过简单高效的练习来改善亚健康。

以前是一个收费课程，
现在免费献给全世界，
让我们一起变瘦变美！

我们做过土豆操的打卡活动，实践证明这种操可以瘦身，并改善一些轻微的亚健康问题，再配合我们这种高效的轻断食法，就可以达到九分吃一分练的梦想了！

■ 情绪

轻断食的成败取决于我们的心理因素，越是主动性强的人执行得越好，效果就越佳。曾经有一些学员是别人"送"来上课的，这些没有主动意识的人几乎都会半途而废。而那些自己决定要做的人，在饥饿和情绪低落的时候都能安然度过。这个听起来好像很简单的道理，其实要做到位真的不是那么容易。为了帮助大家了解自己是否已经准备好做轻断食，请回答以下几个问题：

• 你对轻断食的理论有全面的了解了吗？还是你是直接翻到这一章来看的？

• 你是否知道原来肚子饿不一定代表你要马上进食？

• 你是否能够在遇到困难时进行自我安慰，并且排除万难去解决？

如果第一个问题的答案是你没有全面了解的话，我建议你最好从头看到尾，甚至看两遍本书后再开始。如果第二个问题的答案是"肚子饿一定要吃"的话，那么你暂时不太适合做轻断食，因为去"感受饿"是一个必经阶段，饥饿的感觉可以很美。如果你的审美暂时无法抵达这个层次的话，就先不要勉强，让这种审美的潜能再酝酿一下。如果第三个问题是否定回答的话，你千万不要自己做轻断食。但如果你平时就是一个自控能力很强的人，解难能力也比较强的话，我觉得你是可以进行的。

我当年就是自己进行轻断食的，不过过程比较心惊胆战，因为我一开始就挑战进阶的液体轻断食，而且身边没有人能指导我，不过我通过一次又一次的尝试与失败总结了许多宝贵的经验，这些经验变成大家现在可以参照的指标。我那时候是没办法，而大家现在有了如此详细的方法与方案，一定要充分学习后再安全地在家进行。

上面的三个问题是对身体比较健康的普通人来说的。如果你是有病体质，我建议你寻找有医护背景和断食知识的人来协助你。姜淑惠医生在关于断食的演讲里无数次提到许多通过真正的断食获得健康的重疾病人，她强调：成败的关键在于这个人是否能"心安"，如果可以的话，哪怕是有疾病的人都有可能安然度过。我自己当年就是在短暂受益后心中特别有信心，所以就决定了要持续地进行。不过有疾病，特别是有严重疾病的人千万不要贸然自己做。在有些国家，有严重疾病者都需要在医院进行轻断食疗程的。我们也祈祷在中国会有这样的医疗机构。

所以，如果你"心安"，我们就可以出发了！

## 轻断食起步建议

德国断食诊所的研究发现，正常人是可以简单地从质与量上进行递减，安全地进入轻断食（包括更高阶段的液体断食）的，而且会越断状态越好。但如果你是属于亚健康人群的话，就最好按照下面的递增法来做。

先观察一下自己属于哪一类型的饮食结构，在饮食结构上先进行7~21天的调整，然后再进入下一个强度的挑战。递增的强度如下：

| | |
|---|---|
| **重肉食者** | 选择每周某天或者每天减少肉食 |
| **轻肉食者** | 选择每周某天一整天只吃素 |
| **随便素食者** | 选择每周某天一整天吃有质量的素食，也就是选择吃天然、不含农药、无"三白"（白米、白面、白糖）、不含精制盐、不加过多调料及添加剂（味精、鸡精等非天然成分）的全谷物、有机蔬果及其制品 |
| **熟食素食者** | 选择每周某天一整天吃生机素食（不烹调或者不超过40摄氏度的加热） |

# 轻断食的三种方式：量变式、形变式、质变式

西方的轻断食只有一种途径——计算卡路里，因此被西方科研机构认为和其他节食方式类同。而我所讲的轻断食与此不同，它是建立在中国台湾姜淑惠医生和日本甲田光雄医生的理论基础之上的。

我所提倡的轻断食法是阶梯式的，非常具体，不需要任何的卡路里计算公式，大家无论在哪都可以轻而易举地执行。英式的轻断食法以卡路里计算作为基础，我提倡的方式也有类似的方法（量变式），但是我们也可以从食物形态上去做减法（形变式），而且还能从结构上——食物的质量上去做调整（质变式）。

| 种类 | 量变式 | 形变式 | 质变式 |
| --- | --- | --- | --- |
| 方法 | 撑（100%）→半饱（50%）→不饱不饿（30%） | 固体→半固体→液体 | 全食、生机、悦性、有机取代精制、熟食、惰性、农药 |
| 举例 | 1碗饭+2碗菜<br>↓<br>半碗饭+1碗菜<br>↓<br>1/3碗饭+半碗菜 | 1碗饭<br>↓<br>饭里加水打成糊<br>↓<br>米煮成粥，只喝米汤不吃米 | 白米饭+含农药的熟食蔬菜+肉类（或菌菇+五辛）<br>↓<br>糙米饭+有机蔬菜（生和熟都有）+不含菌菇和五辛的素食 |
| 时长 | *周期型：*<br>可以每周进行1~2天半饱（习惯1天就尝试2天），一日三餐都按照这个规律进行，连续4周后身体适应了，就可以变成吃1/3的量<br><br>*疗程型：*<br>连续3天吃半饱，然后3天吃1/3饱，复食再吃3天半饱，然后回到正常饮食。这种密集型可以每3周做1次 | *周期型：*<br>可以每周进行一次半固体，一日三餐都是一样，连续4周后身体适应了，就可以变成只喝米汤，米可以留着第2天吃或者给家人吃<br><br>*疗程型：*<br>连续3天喝糊，然后3天喝米汤，复食再喝3天糊，然后回到正常饮食。这种密集型可以每3周做1次 | *周期型：*<br>可以每周选1~3天只吃全食、生机、悦性、有机的食物<br><br>*疗程型：*<br>连续3~7天只吃全食、生机、悦性、有机的食物<br><br>*生活型：*<br>最终把这种饮食结构变成你的日常饮食习惯，或者工作日这样吃，周末可以放轻松（反过来做也可以） |

（续表）

| 种类 | 量变式 | 形变式 | 质变式 |
|---|---|---|---|
| 利弊 | 对于经常外出的人，这是最简单的，在瘦身与调节亚健康上应该会有一定的效果。不过如果能注重食物的质量，效果会更佳，比如在做这样的轻断食时选择素食、非油炸和非重口味。如果必须吃肉的话，也只是吃一点蒸煮的白肉（鸡肉或鱼肉） | 这种方法最靠近我们想要达到的高阶轻断食（液断）效果。一开始如果不想花费太多时间和心思，可以用原来日常吃的白米来做，也可以购买一个很便宜的搅拌机来做，并不需要破壁机，之后把白米换成糙米或者其他全谷物，如小米、燕麦等 | 这种方式就是姜淑惠医生的书《这样吃最健康》里所提倡的清净饮食法，也是我自己当年断食后一直实践的饮食法。它可以给整个人与家庭带来意想不到的健康与幸福感。不过对于忙碌的人来说，这种饮食法可能很复杂，可以分成几步去进行，比如：先把白米换成糙米或者小米、藜麦等，再逐渐增加每天生菜的比例（在菜谱里，大家会学到我们的一款美味的沙拉酱，然后从此爱上沙拉），同时有意识地减少菌菇与荤食的摄入 |

**备注：**

　　进食的顺序非常重要，无论是轻断食还是正常饮食，切记不能在餐后食用水果，应该在餐前食用，生的蔬菜也应该尽量餐前吃，如此就不会出现肚胀的问题，而且还能帮助消化。因为新鲜的蔬菜水果利于后面吃进来的食物被消化，它们在胃里被消化的时间大概是半小时，先吃它们可以促进消化。蔬菜水果在餐后吃会被淀粉（米饭）和蛋白（豆类或肉类）阻挡，因为淀粉与蛋白都需要多个小时才能被消化，这些新鲜的水果蔬菜在肚子里发酵，产生气体，就会使人肚胀。

**我适合哪一种？**

　　如何知道自己适合量变式、形变式以及质变式中的哪一种呢？

　　在我们多年的测试中，这三种方式都会有一定的效果，它们可以分开执行，当然也可以同步进行。量变、形变、质变混合法（组合式）是我在课堂上所使用的，我认为这种方法比单纯讲卡路里（只关注量变）的轻断食法更简单高效，而且到任何一个国家都能应用，没有文化的障碍。

什么人适合量变式？哪些人适合形变式或质变式呢？我们一般会根据参与者能够接受的改变的强度为其提供建议，因为要改变饮食习惯是一件很难的事情。量变式是欧美的做法，量变式+形变式+质变式是我所提倡的方法。

如果我们用质变式的方法，在质（quality）上做出调整，而不仅仅是量（quantity）的话，我们身体的感知与改变也会截然不同。这样的区别，我们一位肿瘤科医生学员就印证过。

对于孕妇或者长期亚健康并且年纪比较大的人，如果直接使用形变的方式，他们的身体可能吃不消。但是如果先使用质变的方式来做的话，他们就能很好地过渡。我曾经帮助过一对中年夫妻做3天的质变式轻断食，他们的反应和正常人做量变或形变式是一样的，全身发臭和脾气暴躁等，不过结束后他们感觉全身都很轻松。

所以大家在应用下面的方法与技巧时，必须把个人的身体、健康状况考虑进去，千万不要机械地进行！最好能找到有经验的人来指导与带领！

## 轻断食的阶梯

我2009年开始接触断食，是因为姜淑惠医生的一句话：

"透过断食，我们在身体里面制造一个燃烧的垃圾场，将体内的垃圾透过自我燃烧把它化解掉，并利用种种方式将它溶释出来。"

可惜那本书里并没有仔细讲到具体的操作方法，所以我是按照董丽惠老师的书《断食健康食谱：排毒、减肥、改善体质》战战兢兢地执行的。后来买到一些关于断食的翻译书籍，才接触到日本甲田光雄的断食理论。同时也在德国的书店与图书馆里翻阅德国的断食疗法，去参观德国的断食酒店与诊所。

虽然断食非常好，但是我认为断食的成败一般取决于断食后的复食。如果没有断食后的正确复食观，我们就会走偏，不但无法领略断食带来的好处，更会因此而伤害我们的身心，也就是许多人所说的"断食伤"。所以，我在断食后遵从来自台湾姜淑惠医生的饮食理念，用了四整年的时间去严格执行书中的理论并且获得了深刻的体会与领悟。我也把这种饮食法带给身边的朋友，帮助他们通过简单的饮食结构改变来改善健康。

在教授轻断食（轻轻断＋轻轻食）的过程中，我犯过一个错误，就是认为进阶的轻断食——液体断食非常高效，所以总是希望把人直接带进液体断食的世界。可惜我发现大部分人会失败在液体断食后的复食上，结果比原来的状态更差，于是我转而按照姜医生的饮食理念教大家自己制作一种半固体的断食代餐，帮助大家入门，等大家都习惯了这种半固体的断食法后，再进一步带领大家做液体断食。所以我认为轻断食梯阶应该是这样的：

### ▓ 第一阶梯：量变式（量变形不变）

一般来说会从固体食物开始减量（比如从吃7分饱到5分饱）。如果没有人指导的话，最好先每周找一天来做这种练习，或者每天某一顿开始，比如早餐或者晚餐，当然中午也可以。不过鉴于早晨属于身体自我排毒的时间段（凌晨4点到中午12点）以及晚上如果吃得轻盈睡眠质量会提升，我一般建议利用早餐或晚餐来进行轻断食。

这种说法和英国《轻断食：正在横扫全球的瘦身革命》一书的作者所提倡的不吃午餐有点区别，他更多的是从家庭、社交的角度来考虑。两种方式都可以，自己觉得哪种更舒服就选哪种。一开始不要有太多的约束，不然你会很容易放弃，因为你觉得与你的生活方式太格格不入。如果晚上有非参加不可的聚餐，我也会刻意不吃午餐或者吃极少的午餐来调整。掌握好自己身体的规律后，就可以更自由地发挥；而在没有掌握好自己身体的规律前，建议大家参考前人留下来的经验与智慧。

■■■ **第二阶梯：量变式＋形变式（量变形也变）**

等我们的身体对前述变量的饮食有了一定的适应能力后，我们就可以推进到下一步——做形态的改变。以早餐为例，如果原本是吃一大碗白米饭，通过量的改变变为只吃半碗饭，经过一个月的适应期后，我们把这半碗饭多加点水打成糊，早餐就变成糊状的形态了，也就是我们所说的半固体形态。我们的三餐都可以按这种模式来进行：从一顿变成半固体（比如早餐），到早晚餐变成半固体，最后到早午晚三餐都变成半固体；从一天的半固体延长到延续两天半固体，持续进行每周1~2天，坚持一个月，适应后再递增。

■■■ **第三阶梯：组合式（量变＋形变＋质变）**

如果我们的身体已经适应了第二阶梯，就可以开始第三阶梯了，把全食、生机、悦性和有机的理念融入进来获取轻断食的最高能量。如果你只是想短期内控制一下体重的话，我也不会太反对你用那种只关注卡路里的轻断食法。但是你要想长期控制体重，并且想瘦得健康，额外还能收获很好的皮肤[1]以及内在幸福感的话，那么你就一定要试试我所推荐的这种方法，从食物的性格、特性以及结构入手，将食物的能量发挥到极致。如果无法一次把四个概念全部融入的话，可以每次增加一个，以一个月作为界限，每月递增。

比如我们早上那一碗米饭从减量一半（量变式）再变成糊状（形变式），那么"质变式"就是把这碗白米饭变成糙米（全食），甚至把米发了芽，变成生机食物[2]。

你可以购买有机种植的糙米，虽然贵一点，不过再贵的食物都比药便宜，而且会让你越来越健康，而药却很难做到。

如果早上习惯吃惰性（荤食、五辛或菌菇）或变性（咖啡、浓茶、巧克力、碳酸饮料或者浓味的调味料）的食物，那么我们就可以用悦性的食材（蔬菜、水

---

[1]　在P268，我们会读到禾子皮肤变好的故事。

[2]　"在发出芽之后，它已经有生机了，营养结构也改变了，蛋白质就变成很好消化的氨基酸，碳水化合物变成很单纯的糖，而脂肪也分解成脂肪酸。"——节选自姜淑惠医生的《这样吃最健康》。

果、坚果、淡绿茶或花茶）来取代。

**举例："绿色精灵"早餐断食饮料**

食材：本土有斑点的香蕉（而非进口的香蕉）、有机绿叶菜、亚麻籽等，并有机组合。体寒的可以加姜或肉桂粉。如果觉得味道太淡，可以用苹果汁作为基底。如果是比较瘦的人，可以多加几颗生的腰果或者其他坚果。

方法一：当地当季蔬菜2棵（比如白菜、菜心、羽衣甘蓝），雪梨2个，和姜一起榨汁即饮。

方法二：香蕉1根，当地当季蔬菜2棵（比如白菜、菜心、羽衣甘蓝），一起放入破壁机搅拌即饮。

以上就是从"一碗白米饭变成一杯绿色精灵"的变身过程！是不是没有想象的难？

"绿色精灵"的一种，是我们几乎每天都会喝的一种精力汤。它的做法还有很多。在这个基础上，大家还可以加有机奇亚籽和椰子油来促进肠道的蠕动。大人小孩都可以喝，我们家小花生从小就开始喝

可是有人说："老师，我很怕冷，我喝这些生冷的东西肚子会不舒服。"

对于脾胃虚弱的人确实会有这种情况。姜淑惠医生说这是身体自身的冷热不协调，并不是生的蔬菜水果让我们身体变冷。香港中文大学的中医教授李宇铭在公开的论坛里提到过，健康的身体其实是会自动调节食物的寒热性的，除非病重的人，一般人其实并不需要每一顿都如此在意食物的寒热性。[1]

---

[1] 李宇铭教授在2017年广州China Fit（中国健康大会）上分享的关于蔬果寒热的说法。他更指出我们体内的这种寒气其实更多来自我们的情志，呼吁大家多从情绪的健康角度入手，全面关注我们的健康，也不必害怕蔬菜水果生冷而不吃。

　　我自己就属于有病体质，所以我十分理解那些喝了冷的东西后觉得不舒服的朋友，特别是大冬天，感觉胃里一定要有些暖暖的才满足。这跟我们华人的体质和文化特质有关，所以我在尽力研究适合我们体质的食谱和饮食结构。

　　等我们的体质慢慢通过饮食结构的改变、锻炼的增强以及心态的改变而增强后，我们可以逐渐增加生食的比例，在冬天喝常温的蔬果昔也不会感觉冷（大家记住，生机不等于冰冷，是可以常温，甚至提温到40摄氏度的）。无论你选择凉的还是热的，最重要的是我们要愉悦地喝下为自己所准备的这一杯轻断食圣品！干杯！

## 如何通过轻断食改善体质

　　如果大家想通过轻断食去改善体质，必须遵从四个原则：坚定性、重复性、多样性、挑战性。

### ■ 坚定性

　　如果你了解了这么多轻断食的理论与他人的经历后，仍然持怀疑态度，那你最好不要做轻断食。如果你也想尝试的话，那么你需要有一颗坚定的心！坚定的信念就好像波涛汹涌的大海里的救生圈甚至滑浪板一样，可以助你成功登上彼岸或是乘风破浪地前行。而这些海浪，就是你身边人的评论甚至批评，你必须突破它们，才能成功。

　　轻断食之路上遇到的阻碍，大部分来自家庭和亲密的朋友。他们的反对都是出于对你的关爱，这也是没有错的。他们对于这种疗法的认识不够，所以会以他们固有的认知与经验去评判这件事的对错。如果你没有看到家人、朋友对你的批评的背后是关爱与未知[1]的话，你就会像我以前一样内心倍受打击，觉得连自己

---

[1] 我想用"未知"来代替"无知"这个词，因为家人朋友确实是还"未"知道轻断食的来龙去脉。当我们对一件事情还没有深入了解的时候，所作出的批评都是来自这个"未知"。如果你遇到这样的批评时一定要这样想，并且想尽办法去科学地解释，或者保持沉默，自己默默执行，而不是争吵。

最亲密的人都不支持自己，会非常落寞无助。

所谓"路遥知马力"，随着时间的推移，我的家人、朋友都看出我变得不一样了：我的身材变得更匀称，曾经那个梨形的我竟然变成大长腿，更重要的是我没有做手术，也没有吃药！连偶尔回国的医科博士二姐看到我的时候都惊讶，连连问我："你是陈春仪吗？你真的是我妹妹吗？你是不是被别人换了？"我"阴险"地看着她说："是呀，你妹妹已经被我卖掉了，换了个新的，喜欢吗？"二姐的戏也演得很好，她说："喜欢，喜欢得我都认不出来你是我那个胖妹妹了。"我还记得我在德国读书时，有一年暑假回来，跟我二姐和妈妈参团去台湾。那时候我是一个很严格的素食者，一路上的伙食都不是我想吃的。她们两个坐在我两边天天批评，说我生病了还这样下去只有死路一条。我感觉那时候我的头都要炸了，但是幸好我心中强大的信念让我可以在被抨击时保持内在的平静。

### ▓ 重复性

重复性听起来很无聊对吧？如果你这样想就错了。正是因为有重复性，你才能感觉到轻断食的奇妙。轻断食是一种"运动"，不是一次"手术"。如果是运动的话，你觉得跑一次步就能有好的体格吗？每天早上我都能看到小区里几个大叔在跑步，即便在冬天都是穿着背心跑。每次看到，我心中总是忍不住赞叹，要的就是这种坚持！能坚持才有资格做赢家！每一次做轻断食的时候，你的感觉都会不一样，这就是食物与身体的奥妙之处！所以我们经常复训的学员比新的学员要多，因为当你正确地执行的时候，你将会收获所有我前面说过的好处，得到好处还不让人上瘾吗？如此则形成一个良性的循环，促使大家喜欢重复做这件事。

在这个世界上，能让我们体内产生快乐物质（5-羟色胺和多巴胺）的事情，我们的身体都会告诉我们："请重复去做吧！"比如性爱、音乐和舞蹈等。因为轻断食如同性爱、音乐和舞蹈一样会带来内在的愉悦，所以我们要不断地进行。而每一次重复就好像一颗钉子在木板上被进一步钉下去一样，等这颗钉子牢牢地被钉在木板上后，我们对这种方法就十分有把握，操作起来更得心应手。这些都不是理论，都是我自己和学员实践下来的心得。

但是你可能会说，为什么我做的时候就没有这么愉悦？我为什么遇到很多的问题？原因是，你没有遇到适合的导师引导你。在遇到问题的时候，我们是非常需要有经验的人在旁边指导我们的。

我在德国就有一位70多岁的好朋友，因为年轻时跟错了一次断食的课程，导致她一辈子都怕了这件事，每次想起我都觉得很可惜。所以，我们把轻断食看成谈恋爱，千万不要因为一次失恋就对伟大的爱情失去信心！我们也有很多学员是从其他地方学习失败后找到我们的。

■■ 多样性

我当初创立轻断食的教育品牌"心乐厨房"，就是希望大家带着快乐的心去学习轻断食。我们给大家一个框架，在框架里，你们可以无限地发挥自己的创意，并不需要定死在某一种形式上，量变或形变或质变的方式都可以随心搭配，单一、双拼或组合式都是可以的。

最主要的是你要听从自己的心，听听它今天想怎么玩这个轻断食。跟随我们的心，心中的愉悦感倍增，执行起来也会更容易，免疫力也能得到提升，身体的血液循环也更流畅。有时候可能早上在额头绑好了红头巾发誓说："今天我要轻

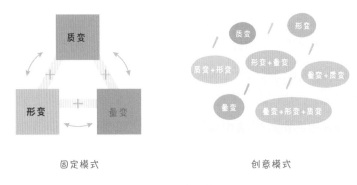

固定模式　　　　　　　　　创意模式

轻断食框架

断食！"结果午后因为工作繁忙已经饿到腿软了，是继续还是停止呢？我一开始教学非常严谨，只能一不能二，像个暴君。

感谢我的儿子，在孕期的时候让我的身心都起了很大的变化，从而观察到原来每个人在不同的人生阶段的需求是不一样的。而我们的身心每天会因为多少因素而改变？如果我们的身心一直在改变的话，那么我们轻断食的方法也需要随之而调整，但这种调整是万变不离其宗的。

也许你看完我的书后还是认为只关注卡路里的方法更适合自己，那就按照那种方法去执行。你跟随谁和采用哪种方式不是最重要的，重要的是你所选择的轻断食方式让你的身心可以提升，而你可以持续地实践。

我先生特别可爱，他就是那种早上狠狠地说要断食，然后中午忍不住要吃的人。起初我很生气，觉得这个人怎么说话不算数。后来我自己也松懈下来了，有时候也和他一起早上断，中午吃，变成半日断。最后发现其实生活不必太紧张，想吃就吃，想断就断，带着意识与知识随吃随断，而不是那种程式化的饥饿。两者的区别是很大的。

如果身体不是有什么特别不舒服的话，大可不必太紧张和严谨。如果是生病了需要通过轻断食来调整身体的话，那就必须严谨了，不然效果不会太好。我儿子小花生才两岁，很贪吃，但不太爱吃健康的食物（怪不得我怀他的时候也不太爱吃健康的食物）。如果是以前的我，就会很在意："怎么吃这些呀！太不健康了！"但是我后来意识到每个人都是应该为自己负责的，就把心放开了。当然，作为妈妈，还是需要在特定情况下对孩子的饮食严谨把关的。比如当他生病时，我的态度就非常不一样了，暴君马上又上身了！

有一次小花生咳嗽了将近两个月，咳嗽声大到几乎整栋楼都听到了，每次咳得厉害的时候连肚子里的食物都全部吐出来，中间严重的一个月就是不停地换床单、衣服和擦地板。事情过后，我反思了一下，知道原因出在哪里了。当时小花生刚刚开始咳嗽时我爸正好在，那段时间他经常带着小花生去玩和吃，给他吃很多的荤食，也有很多的白面、白米。这些食物在健康的身体里还是可以转化的，不过在一个有病的身体里，就会产生更多的黏液（痰）。小花生的咳嗽、痰和支气管炎一天比一天严重，晚上我听小花生的咳嗽好像把小肺都要咳出来了，听起来好像哮喘一样。我先生好几次都说要送去医院或者给他吃药，我都拒绝了。

经过这次教训后，小花生后面两次咳嗽时，症状刚刚冒起来的第一天里我就"下旨"："全屋人民不得给他吃任何甜食、荤食和白米白面！轻断食一天，只能喝汤、果汁和吃水果。"小孩子的身体比大人敏感，他自己也不想吃，到了第二天他还是不想吃，说只是想喝苹果汁和吃枸杞，所以我们都没有强迫他吃。在这样的基础上，再加上老爸的药浴和脚底的雨滴精油按摩，他很快就痊愈了，没有像第一次那样呕吐带哮喘似的咳嗽，晚上睡得非常好。

所以，在这个"多样性"的循环中，大家可以去收集属于自己以及家人的轻断食方案，不需要麻木地追随某一种可能不适合你的方法。

### 挑战性

当你把"坚定性""重复性"和"多样性"都实践后，你就可以进行挑战了。进阶很重要，不然会比较痛苦，就像一栋楼的地基还没打好，就拼命盖上面的楼层，能盖得起来吗？或者你要给家做大扫除，但家里的墙和顶梁柱都不稳，那岂不是一打扫房子都要塌下来？

所以，如果大家要自己进行具有挑战性的轻断食——也就是我们后面会说到的进阶的液体断食，必须按阶梯与层次来进行，才能确保安全性和有效性。

我们在很多书里都会看到说轻断食和断食不适合很多人群，比如孕妇、小孩与病人。但是通过实践我们发现，只要是循序渐进的，有方法的，其实很多时候孕妇、小孩和病人比一般人更需要轻断食[1]。德国和美国都有一些癌症医院通过轻断食来帮助病人在化疗期间提升他们的免疫力，在《轻断食：正在横扫全球的瘦

---

[1]　参阅P264李丽洁的孕期断食故事。

身革命》一书里也有一个这样的案例[1]。

挑战自己吧！这个世界上没有什么比战胜自己更能让你获得满足感！

（不过一定要在安全的范围内挑战，千万不能一下子只喝水！）

---

[1]　莫斯利,史宾赛.轻断食：正在横扫全球的瘦身革命[M].广州：广东科技出版社，2014:48-52.

第五章

# 轻断食的九大维度

在这里，我给大家介绍一下德国以及我们自己所发现的轻断食维度。你会发现，随着维度的深入，我们的身心会像洋葱一样，一层层地被剥开，而且越剥越精彩。

在欧洲，德语区域的断食文化算是发展得最为蓬勃的，奥地利和德国都有将近一百年历史的断食酒店（有些叫诊所或者水疗中心，不过一般都会有坐诊的执业医生和医护团队）。他们对轻断食的研究和实践都非常广泛和深入。我当时开始做轻断食的时候并没有人指点，不过因为我居住在德国最环保且艺术氛围浓厚的城市——弗莱堡，我的生活模式就非常接近德国断食诊所所推崇的轻断食方法。

我先介绍一下德国对于轻断食维度的看法，然后再讨论如何把这些与我们国家的实际情况相结合。

## 德国轻断食维度

以下内容引自德国《布辛格疗愈断食疗法》[1]，主要由他们的第三代传承人

[1] Toledo F W T,Hohler H.Therapeutic Fasting:The Buchinger Amplius Method[M].Stuttgart · New York:George Thieme Verlag,2012:14-17.

Francoise Wihelmi de Toledo 女士所写，她现在担任德国布辛格诊所的医疗理念设计师。

在这本书中，作者认为当一个人不吃或者无法吃到他习惯吃的东西的时候，换句话说，当他处于轻断食状态的时候，心灵是很饥饿的，所以需要给心灵找食物：

• 有意义的工作（职业）；

• 阅读；

• 灵性的陪伴/信仰；

• 大自然；

• 音乐；

• 平面的设计欣赏；

• 幽默；

• 社会奉献工作（不求回报）；

• 静心冥想。

作者认为，我们在断食期间最好是可以做到以上9点。思考一个人的工作对于一个人的整体人生是非常重要的，我们要找到一个有意义、有使命感的工作，同时不能让自己太劳累。阅读对于每一个想要茁壮成长的人来说都是非常重要的，因为阅读需要时间和内在的开放。如果我们阅读的话，我们内在的空间就会被腾出来。

德国断食诊所的家族是虔诚的犹太教徒。他们认为每个人都应该有信仰，在轻断食期间人们是应该去思考的，有时候会借助背诵一些谚语、咒语（Mantra）[1]、短的祈祷文、适当的诗歌、圣歌、赞美诗、圣经里的诗歌，甚至一

---

[1] 咒语（Mantra）不是指诅咒或伤害人的话，而是一些经典（任何宗教或非宗教）里短的经文，比如六字大明咒"唵嘛呢叭咪吽"就是一个经典的例子。如果是较长的经文，一般叫"Sutra"，比如《心经》。

些戏剧性、能激动人心的独白或者一些让人炽热的真言。

德国的断食诊所通常会有一个很大的禅修室，并设有专门的课程带领客人去做静心冥想，引领大家从忙碌的生活中停下来，放空思绪，倾听内心。

在轻断食期间，我们可以去大自然里走走，聆听激动人心的音乐，欣赏一些艺术品和做一些社会服务。这样，我们的身心都会得到更大的提升。

## 适合中国人的轻断食维度

在我们的轻断食体系里，也有九大维度，分别是——食物、锻炼、大自然、艺术、音乐、阅读、理疗、冥想和正面心理学。

**■ 食物**

在我们的轻断食体系里，我们除了教大家如何不吃，也非常强调去教大家如何吃。我们不仅强调从嘴巴进入的食物，也强调我们感官（视觉、味觉、嗅觉、听觉、触觉）和思想的食物，因为我们所吸收的一切，无论它的入口在哪，都对我们的身心有影响。学会如何在轻断食期"断"当然非常重要，不过我们大部分的时间还是"食"比较多，所以除了在轻断食期间尽量100%选择全食、生机、悦性和有机的食物以外，结束后也可以继续践行我们体系里的"4+3饮食法则"，这是为了让我们轻断食的效果延长，甚至保持。

"4"就是"吃什么"——全食、生机、悦性和有机；"3"就是"怎么吃"——素食、少食、断食。

我们并没有说大家必须要100%遵守这样的规则，不过通过观察发现，如果我们能够把平时的饮食方式往这个方向靠拢的话，健康指数确实比较高。所以我们鼓励和倡导大家做到自己能力范围内的4+3，也许只是50%，比如在轻断食后先把食品的添加剂戒掉或减少，然后继续把"三白"戒掉，把白米饭变成糙米饭——如此我们已经掌握了我们健康的一半了，因为主食一般占了饮食的一半。又或者每天餐食里增加一点点的沙拉，且在餐前进食，这都是饮食改革上的进步。

在我看来，要获得全面健康，吃素或不吃素不是最关键的，如果吃的肉食来源健康并且不过量摄入的话，也会很健康。国外就有许多这样的人，他们也会定期执行轻断食来净化身体。

姜医生的经典之作《这样吃最健康》中就对饮食法讲得非常透彻，我所说的这个"4+3饮食法"其实就是她书里的智慧精华（"四大金刚"和"三把钥匙"）。有很多人说看了姜医生的书还是不知道如何执行，所以我把我认为书里对于我们现代人最重要的饮食法则通过自己的实践再分享出来。详细的大家可以参考姜医生的书。

**全食**

关于全食，在第二章已有所介绍，这里进一步分享我们的实践心得。

**实践心得**

把白米饭都换成糙米饭，很多人一开始会不习惯，不过用了我教大家的煮糙米饭的方法后，大家终于尝到又软又糯的糙米饭了（在食谱里面有，也有视频）！而且不仅姜医生推崇吃糙米饭，我国外的饮食疗愈导师们，还有日本的长寿饮食也都是推荐大家吃糙米的。所以，你也跟着这个潮流就对了！

现在有一些叫"营养米"的食品，它们是用米碎重新组合后额外添加化学营养剂做成的，所以不建议大家吃。如果一开始大家觉得吃糙米不习惯，可以提前把糙米泡一下（甚至泡到发芽），和大米混合在一起吃，每天增加一汤勺，积少成多。曾经有一个4岁孩子的妈妈来上课，她在一次线下活动的时候告诉我说："课程后我唯一能坚持的就是吃糙米。一开始我女儿拒绝吃，第一次不吃，第二次不吃，第三次不吃，第四次就吃了！现在我们一家人都在吃！"我听到后真的很开心！健康就是这样一步步达到的！

这是我们春季的日常午餐

## 生机

姜淑惠医生在《这样吃最健康》中非常详细地介绍了生机饮食（简称"生食"）的好处，说是生食除了能产生新的体能，带来需要的能量，还能去除污腐，将体内的毒素、废料排除，这叫作"祛腐生新一次完成"，它能够有效地推动肠道蠕动，所以生食的人极少有便秘的问题。另外就是熟食一般都缺乏酵素，因而消化力也会减弱。关于生食的书籍有很多，香港的周兆祥博士、台湾的欧阳晶老师都是在这个领域里研究得非常透彻的老师，推荐大家去研读学习他们的著作。

## 实践心得

　　我还记得我在德国第一次吃蔬菜沙拉和意大利黑醋时说的那句话："怎么味道像别人的呕吐物！太难吃了！"后来在大学食堂里看到很多同学中午只吃一大盘沙拉，他们的身材和精神都很好，我也试试看吧。

　　于是在食堂的沙拉吧里开始自由搭配沙拉和沙拉酱，发现吃完之后感觉没有吃面条或土豆那么困。后来看完姜医生的书，我在德国最后的那一年每天中午就是吃一大盘沙拉，然后搭配20%的全谷物主食，有时候是糙米饭，有时候是自己包的全麦饺子。那一年简直就是我的生命能量的高峰，我中午不用睡午觉，每天骑车上学、做运动、写毕业论文、看书准备考试，状态棒极了！

　　后来到上海，住在市中心都不知道去哪里买菜，饮食规律完全被打乱，熟食和外食开始增加，身心状态每况愈下。所以姜医生的理论绝对是经得起考验的！每当我不舒服的时候，我就会增加生食的比例，从平时的50%调整到70%，甚至100%，感觉就会好很多。对于一般人来说，如果可以每日在餐前吃一小份生的蔬菜或水果的话，你也会发现你的身体会有不一样的感觉。

**沙拉系列**

## 悦性

如第二章所述，食物性格这个理念来自古老的印度，瑜伽行者他们通过自己的修行，把自己的身体作为实验室，对吃进去的食物进行觉知的观察，感受食物能量在身体的走势，从而总结出这些食物的性格，比如悦性、变性或惰性。

**悦性食物**：蔬菜（不包括五辛如葱、蒜、韭菜）、水果、坚果、全谷物、淡绿茶。

**变性食物**：咖啡、巧克力、浓茶、碳酸饮料、浓味的调味料。

**惰性食物**：五辛、菌菇、荤食、药物、腐败的食物。此外，任何食物若吃得过饱也会变成惰性。

---

**备注：**

很多人都会问：为什么菌菇是惰性食物？

有一次我遇到一位中国台湾的生物教授，他告诉我菌菇的蛋白结构和肉类几乎是一样的，这个我在阿根廷也听我的老师说过。从中医的角度来看，菌菇大多生长在阴冷潮湿的地方，属于湿寒食物，所以大部分的菌菇不属于阳光、积极的食物，被列入惰性食物也就符合逻辑了。

但有一些菌菇是非常高能量的，比如牛樟芝和灵芝。姜淑惠医生就是牛樟芝的专家，她专门在自己的实验室培育牛樟芝。灵芝是在太阳底下生长的，它的能量和一般的菌菇不一样。关于菌菇的学问也是很深奥的，这是目前我所理解的点滴。

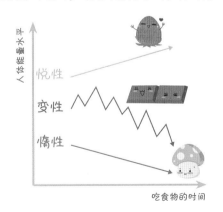

食物能量走势图

上页这幅图给大家直观展现了这些食物进入我们身体后的走势：悦性的食物会让我们的身心上扬，变得越来越愉悦；变性食物则会让人的心情忽高忽低，咖啡就是最具代表性的变性食物，这就是为什么我认为一天喝好几杯咖啡来做轻断食的方法未必适合所有人，因为太刺激了，有些人是刺激不起的，温和才适合所有人。

不过如果你哪天特别累的话，喝一杯当然也是可以的，但是建议要加入植物奶（如豆奶）而非牛奶，甜味剂最好不加，现在很多咖啡厅都提供豆奶或其他植物奶。过量摄入惰性食物会让癌症发病率相对提高，相关的书籍如《救命饮食：中国健康调查报告》《世界和平饮食》和《非药而愈：一场席卷全球的餐桌革命》等，值得大家去参考和思考。

---

**实践心得**

为了证实姜医生书里的理论，我用了4年的时间去实践悦性的饮食，因为我心里觉得这事情太有意思了！如果是假的，我也没有受害，但是万一是真的，那我不是要天天沉浸在自己的欢笑中？！于是我先审视了一下自己的素食饮食里还有哪些惰性食物，因为单纯的傻瓜素食（除了不吃动物性食物以外觉得什么都可以吃）不代表就是悦性的，特别是菌菇类。我那时候每天都喜欢用很多的葱和蒜来爆炒香菇焖白米饭，结果一吃完就困得不行。在德国，有一次我们在下雨时进入黑森林里采蘑菇，拿了一大袋回家后我煮了一大锅汤，一喝感觉肉味好浓，然后就喝不下了。

心中觉得非常神奇，食物的世界真的很神秘。我进行了4年100%没有惰性食物的饮食后，身心确实非常健康，情绪也很稳定。来到内地居住后，我就舍弃如此严格的生活了（定力开始衰退），不过幸好我的功底已经不差，哪怕吃也不会过量。

在上海的时候，我和先生经常去朋友开的素食餐厅。有一次我们吃火锅，我先生说："你说菌菇是惰性的话，我们来一锅菌菇王的汤底怎么样？"我爽快地答应了。无可否认，真的太好喝了！只是吃完之后我们走在街上都困得想原地睡下，我记得那天我们睡了12个小时。

### 善用食物性格原理应对抑郁症，让心情持续愉悦

在中国，每年因为抑郁症自杀的人数达到了30万。世界卫生组织预测，到2020年抑郁症或许会成为仅次于心血管疾病的人类第二疾病杀手[1]。在我修读的儿童心理发展课程里，有很多儿童或青少年因为抑郁而自杀的案例。如何预防以及诊治抑郁症，成为当今医学研究领域的重大课题。那么除了医疗手段之外，我们是否还有其他方法去改善抑郁症患者的状况呢？我觉得善用悦性的食物可以做到。

### 失恋的救星与女性幸福感提升的动力

变性的食物如果用得恰当，其疗愈作用不可小觑。一个阴冷的雨天，你在办公室被老板骂了一顿，而且和另一半吵架了，你经过一家星巴克，买了一杯豆奶拿铁，吃了一块巧克力蛋糕，心情马上就好了很多！你失恋后心情低落抱着一大桶巧克力吃，你心中会产生愉悦感。这说明变性食物在合适的时候恰当利用，就具备了悦性的功能。

## 有机

本小节，我们将第二章中关于"有机"的内容进行延伸。

有机作物，一般是指没有农药化肥的非转基因农作物，但是想要拿到国家认

---

[1] 益美君.21岁抑郁症女孩跳崖自杀，遗言只有一句话：亲爱的，我病了！ [EB/OL].https://new.qq.com/omn/20180915/20180915A0D7X6.html，2018-09-16.

可的有机认证，除了避免农药、化肥、转基因外，还要保证土壤里的重金属含量和其他各种指标必须达标。

在德国，除了有机以外，还有一种叫活力农耕（bio-dynamic）。它比有机更高一层，要求每一个食物都关系到整个生物链，让整个生态系统达到和谐，这样的食物才是对我们最好的。

在中国内地，除了有机种植以外，还有一些"自然农法"的实践，也是在有机的级别之上，可惜目前收成较少，价格也比较昂贵。所以，作为轻断食入门食物，大家尽量选择有机的就可以了！

据《有机生活更美好——胡老师说有机生活》作者、中国有机生活推广人胡删老师说，50年前的一个番茄的营养相当于今天的2000个！一个苹果等于今天的50个！真的是很可怕！我们吃食物的时候其实是要吃食物的"能量"或者"气"，能量与气都是食物从天地吸收的养分，然后通过进食再传递到我们身上。

如此你可以推论，在大棚里种植的蔬果，还有一些室内水养的蔬菜，哪里有从天地吸收的能量呢？吃进肚子里之后对我们有什么意义呢？这值得大家思考。

再说，如果现在每个人都去做农残测试，结果都有可能是体内带有许多排不出去的农药或重金属（多么可怕），若不学会断食，怎么有效地把这些毒排出去呢？难道等到要洗肾的地步？何况残留在肝脏的毒是无法通过洗肾洗掉的。

---

**实践心得**

我刚去德国的时候，去的第一家超市就是有机超市。当时我并不知道，傻乎乎地在里面转了几圈，心里纳闷："我的妈呀，德国的东西可真贵呀！"于是只买了一颗绿青菜和一瓶素肉番茄酱。

后来遇到我德国的食疗老师Suzie，经过她的指导后，我在德国那些

德国的有机超市灯光柔和，让人感觉温暖

注重食物的来源和全球生态保护，蔬菜大部分来自临近的农夫们

年基本都是在这家超市买食物。虽然看起来比较贵，但是实际上我省了很多钱，因为我学会了少吃，我不需要那么大的量，而且我也省了很多的医药费。

那一家超市叫 Alnatura，十分推荐大家去德国旅游的时候去逛逛。它像个食物博物馆一样，灯光温和。工作人员的服务态度非常友好，他们的售货员都是经过三年的职业培训才上岗的！如果你问他们问题，例如什么东西在哪，他们会毫不犹豫地直接带你去那个货架。

这家超市的老板是华德福学校毕业的，六七十岁的他看起来容光满面，每天运动和工作，真是让人敬仰！超市创办至今大概30年，在许多欧洲国家都有分店，不仅卖健康食品，也经常举办一些艺术展，在超市里总是可以看到不同的艺术，让人心生愉悦。他们每年也捐巨额资金支持许多艺术、农业和教育等相关的项目，所以他们连续很多年获得了欧盟的"最可持续企业奖"。

我到中国内地后十分想念这家超市，很希望在内地也能有这样的一家超市，所以我帮助过一些相关的企业做企业咨询与培训，希望我国这方面的行业能够蓬勃发展！

## 素食

很多人对于"素食"是有误解的，以为就是青菜萝卜，也有很多人吃错，吃大量的"三白"和仿荤，这些我叫"傻瓜素"，当然我也做过七年的傻瓜。当我实践了姜医生书里的饮食理念后，我觉得人生起了180度的转变，所以我以毕生之力推广这样的饮食习惯，如果有人想尝试吃素的话，我都会告诉他们至少要符合全食、生机和有机三个原则。而且这种素食不一定是像虔诚的教徒那样严谨，可以是弹性的，比如每周一响应一下全球的"周一吃素（Meatfree Mondays）"活动,降低地球因为人类过度与不人道的畜牧而砍伐很多原始森林所受到的伤害。

我们可以把素食的比例在整体饮食里调高,做不到100%也无所谓,从1%起步,像存钱一样慢慢递增,这个过程是让人很有成长的喜悦的。在德国有10%的人口是素食者,在中国台湾地区有12%,在印度有40%。其实这个潮流已经遍布全球了,大家不妨也参与一下。

吃素的原因有很多,宗教信仰是其一,现在也有很多人为了环保与健康而吃素。吃素不是一般人想的那么乏味,可以是很多样化的,只是一般人被困在传统的烹调料理方式上很难跳出来,包括我自己当年也是很迷茫。但是我后来吃到了我的两位食疗老师做的素食美食后,就开始非常疯狂地研究。实践素食后身心也变得轻盈。

正确的素食的首层意义,我觉得可以是:吃素不仅使人健康,并且当你继续吃下去的时候,这些食物会给你传达信息,让你感觉到你和大地的连接。你的慈悲心也会因此而逐渐培养出来,如此你的人际关系也会变好,因为你看起来更慈祥和友好,更多人愿意与你亲近。

我吃素以前,我的家人说我看起来就让人讨厌,性格也暴躁,吃素后真的就像换了一个人,性格比以前温和,人缘越来越好,而且身边的人都说我越来越好看。当然,这样的转变不能只归功于饮食,我们内在的转化也是很重要的。

如果你现在身体非常好,可能真的很难说动你去素食或者改变你的饮食结构,不过如果你身体抱恙,那么吃素就非常必要了。素食可以改善多种亚健康状况,在我们的学员里,这样的个案实在是太多了[1]。一些研究指出80%的癌症都是因为不恰当的饮食引起的,例如大肠癌[2][3],所以通过增加膳食里的素食比例改善肠道的环境是最简单直接的办法。

---

[1] 在P270,我们将读到姜女士(孙萌妈妈)通过轻断食告别高血压的真实故事。
[2] 汪建平.大肠癌并急性结肠梗阻的处理[J].中国实用外科杂志,2000,20(8):459-460.
[3] 郑树,蔡善荣.中国大肠癌的病因学及人群防治研究[J].中华肿瘤杂志,2004,(1):1-3.

## 实践心得

　　我当年生病而乱投医，结果遇到了一位江湖术士。他虽然没有治愈我的病，但他告诉我要吃素这件事我还是很感激的。我本来是一个抽烟、喝酒、无肉不欢、情绪暴躁的叛逆少女，结果被一场病给整服了。

　　一开始我是很刻意地去节制自己的欲望，而且我也无法一下子什么肉都不吃，所以我花了一年的时间慢慢"戒掉"肉瘾，从不吃红肉（猪肉、牛肉、羊肉等）开始，慢慢到不吃白肉（鸡肉、鸭肉、鹅肉等）和海鲜，再到戒掉奶、蛋。

　　最初的七年，说实话，素食对我的病情没有巨大的帮助，因为我不是得了大肠癌，病情与食物的关系并不是非常密切。我的一位自然医学博士课程教授，名叫Andy Yuen，他有一本著作《营养的谬论》，通过权威的论述推翻了"吃素就代表绝对的健康"的观点。

　　回顾过往，我发现我的病也不仅仅是食物引起的，更多的是情志、性格和原生家庭中的心理发展等方面的因素。可是我那时候实在没有任何办法，只能听那位江湖术士的话——吃素忏悔。在吃素的过程中，我觉得我无意中被食物改变了，因为我每一次进到超市里都需要非常刻意地去辨别我可以吃的食物和不能吃的食物。于是，我对食物有了第一次的觉醒，对自己的思想和行为也随之有了觉知。

　　后来渐渐舍弃那些食物时，已经不是我的头脑在操控，而是我的身体超越我的头脑开始为我选择食物，也就是我一直强调的——我的饮食教育所期望的，不是给大家一个框架去追随，而是通过食物来提升我们的心智，从而达到启动身体的自我保护机制的效果，让大脑学会去聆听身体的需求。

　　后来我甚至感觉我可以和食物沟通了。我可以听到食物跟我说，它们更喜欢和谁在一起、和谁在一起时会更好吃。特别是看到一堆食材摆在我面前的时候，我脑子里就开始上演精彩的烹饪节目。

可能是因为长时间的意识层面的控制与锻炼，我对食物，甚至对事物的敏锐度都大大提升，所以后来我对饮食的学问有了浓厚的兴趣。我读到了一本叫作 *Diet For Transcendence* 的书，讲饮食如何让我们超越自己，讲到了世界五大宗教其实都是倾向于素食的，因为每一个宗教都是教导我们要慈悲、善良。我被里面讲到的内容震撼了，特别是看到伊斯兰教徒和犹太人在宰杀动物前所做的一系列仪式，甚至要抱着那一头动物来杀它，要安抚它的情绪，要为它念经、祈祷、超度后才能食用，而不是麻木地塞进嘴巴里。

看完这本书后，我对食物的认知又上了几个台阶，于是开始自己去搜索许多不同语言的素食资料，也参加了世界各地很多的素食展览，发现素食的世界原来好宽广！我去往每一个不同的国家前都会上一个素食餐厅网站"Happy Cow"（"快乐的牛"），搜索一下哪里有素食餐厅，然后去寻找这家餐厅作为旅程的亮点。

让我印象很深刻的，是在西班牙属岛屿 Mallorca 旅游时去过的两家很特别的素食餐厅。在第一家，我遇到了一位穿着西装做饭的美女，在开放式的厨房中我们随时可以和她沟通。她一个人从下厨，到打扫，到服务，脸上散发出无比的魅力与光芒，做出来的食物更是让人垂涎欲滴！在第二家餐厅，我遇到的是一位长发、神似道家师傅的西班牙中年男人，他学习日本禅宗。餐厅只提供早餐和午餐，没有餐单，他做什么你吃什么，不过一个套餐也可能有十几种不同的食材，有茶也有甜点。当天去的时候外面下着大雨，他轻松自在地一边拿菜一边给我们哼唱：

I'm singing in the rain

我在雨中唱歌

Just singing in the rain

就这么在雨中唱着

What a glorious feeling

这是多么骄傲的感觉

I'm happy again

我再次快乐起来

I'm laughing at clouds

我在乌云下欢笑

…………

醉人的西班牙，一望无际的蓝天让人很怀念

与其说他是个餐厅老板，我觉得他更像一个出世又入世的高人。西班牙人的进餐时间很特殊，一般下午3点吃午餐，晚餐则不到晚上9点都没有餐厅开门，所以这个餐厅的老板为了更好地照顾家庭选择了不做晚餐的生意。

我不是一个因为宗教而吃素的人，一开始也没有什么远大的抱负要拯救地球，不过将近20年的素食生活让我看到了很多别人看不到的世界。关于海外的各种素食餐厅的故事，我觉得需要写另一本书了！甚至可以带队到全世界去体验各种各样的素食餐厅和认识奇特的素食餐厅老板们！所以，生病与吃素让我的世界变得更广阔！撇开那些高大上的理由，我想出于一种"好玩"的心态来邀请你进入这个世界探索一下，你会发现原来这个世界有那么多新鲜、有趣的人和事。当你的每一餐都可以被新奇、喜悦和惊喜填满时，你觉得你的免疫力不会提升吗？免疫力提升之后，有病则康复加快，没病则强健身心。真的，不信你试试看！

当然，吃素也是一个循序渐进的过程。我没有强迫大家要永远吃素，但应增加素食的比例，越吃越喜欢吃，然后到某一天，也许你的身体自己就要吃素了。我们很多学员在轻断食之后身体自动就进入素食模式了，没有纠结，也没有痛苦，而且心中的幸福感倍增。为什么？因为腰围更好控制啦！因为皮肤更好啦！因为烹调时间缩短啦！钱包充裕啦！素食带来的好处是很多的。

## 少食

很多人对"少食"存在误解，大家会觉得"少食"不就是"少吃一点"吗？但究竟要少吃多少？而且为什么要"少食"？这些比较常见的疑惑我当年也有，直到我有幸拜读了甲田光雄医生的《断食、少食治百病》这本书之后，才对"少食"有了具体概念，书中的内容也让我眼界大开。

甲田光雄医生用几十年的时间，研究并记录了上百位通过少食疗法而改善健康的病人，并且早在1976年就举办过医学级别的少食实践者体验发布会。会上有十多位患者通过少食疗法治愈了不同的疑难杂症，与会的每个人都表现得活力十足，看起来都比他们真实的年龄更年轻。

甲田光雄医生把"少食"定义为"八分饱"，可是每个人的"八分饱"是不一样的，我们需要考虑以下三点来评估何为适合每个个体的"少食"：

- 健康的肠胃功能。每个人的胃不一样，7岁孩子和70岁老人的健康肠胃功能更是不同。如果A的肠胃在健康状态下能够消化10分的食物，那么他的8分饱就是吃8分的食物；如果B的肠胃在健康状态下能够消化5分的食物，那么他的8分饱就是吃4分的食物。

- 基础代谢。基础代谢（basal metabolism，BM）是指人体维持生命，保证所有器官正常运转所需要的最低能量，是人体在清醒而又极端安静，且不受肌肉活动、环境温度、食物及精神状态等因素影响的基础状态下测定的。

- 劳动程度与所需热量。营养学通常认为，一个从事普通劳动的男士一天需要2500大卡热量，女士需要2000大卡热量；而从事较重劳动的男士一天需要3500大卡热量，女士需要2800大卡热量。营养学中关于"少食"的定义，则是无论劳动轻重，都要把男女每日的热量摄入控制在800~1000大卡。

以上就是对甲田光雄医生"少食医学理论"的简要总结。一般人看完可能会觉得有点迷茫和难以操作，若是没有专业人士在旁指导，更会感觉无从入手。不过相信你看完我下面的实践心得，就能明白了。

**实践心得**

　　刚刚读完甲田光雄医生的书时，我也觉得不太容易执行，但是通过多年的刻意练习，如今我已经形成了少食的习惯。以前，我一个人可以吃1~3盘（西式餐盘）的食物，每次都要撑到扶墙走。看了甲田光雄医生的书后，才知道这样的饮食习惯是如此的自残，所以我决心要改变。于是我把书中一些关于少食的好处写在小小的卡片上，每次吃饭前都拿出来读一遍。下面和大家分享一下这些陪伴了我十几年的"字疗"：

- 习惯决定命运
- 少食提高自愈力（特别是对于慢性病患者，比如我）
- 少食保证长寿
- 少食改善便秘，有助于排出宿便
- 少食使头脑更清晰
- 少食缩短睡眠时间
- 少食可以美容
- 少食使家庭经济变宽裕
- 少食是开运关键（因为疑难杂症好了、更长寿了、睡眠时间缩短、不再打瞌睡、身体不疲劳、头脑更清晰、记忆力和判断力都提升、女性变美、经济也宽裕了，自然好运滚滚来）
- 食越少，身越健；身越健，体越轻；体越轻，心越爽；心越爽，智越明；智越明，才越巧

　　为了便于长期实践少食，我给自己制定了一些准则以及一种视觉化饮食的方法。一开始真的好痛苦，因为我从小就是"大胃王"，每次吃饭时都要一边吞口水一边念这些小纸条给自己洗脑。首先，我告诉自己以"不饿也不饱"为标准，所以一定不能吃撑，同时也不能匮乏，也就是需要以吃优质的食物为前提，食材

尽可能买有机的（哪怕对普通大众来说很贵，但也总比药便宜）。接下来就是把这种饮食视觉化：每天早餐坚持液体断食；中午以生菜沙拉为主，另外摄入一份拳头大小的全谷物，比如一小碗糙米饭（坚决不许续饭）或者三个自己做的全麦饺子或两片全麦面包（另外一种选择是吃一碗沙拉、一碗糙米饭以及一小碗炒菜）；晚餐喝各种蔬菜谷物做的汤，食量控制在300毫升左右。

在德国研究生毕业的那年，我坚持了一整年如上所述的少食法，另外，每两个月再进行一次持续两周的液体断食（只喝液体的汤或果汁，不吃固体食物）。那一年可以说是我人生的黄金期，每一天都精力充沛，心情极好，好像有用不完的能量一样。

毕业那年我要阅读四国语言的资料，用德语写200多页的论文，还要参加两场各连续5小时的毕业考试，以及用四国语言进行的2小时的口试。以我之前的健康状况，无论在体力还是脑力上都不可能完成这么繁重的课业。没想到那一年的少食加上间歇性的轻断食，让我几乎满分毕业，教授们都吓了一跳（因为我以前的功课都只是刚刚及格或不及格），我自己也吓了一跳，那简直就是"学渣变学霸"的逆袭记！

那种"不饿不饱"的状态，成就了我在欧洲完成高等教育的梦想！所以我内心特别感谢甲田光雄医生把少食的智慧如此详尽地记录下来，供后人学习与实践。书里面讲到的好处全都真实地体现在我的身上，若非亲身实践，真的以为这些只是广告。希望大家有机会也读一下这本书，并且去实践书中的智慧。

### 轻断食

轻断食对于排出身体毒素的效果会比生食和少食更胜一筹[1]。轻断食的级别有高低之分，在第四章中已详细讲过，大家循序渐进地去学习与练习，此处不再赘述。

---

[1] 姜淑惠.这样吃最健康[M].哈尔滨：北方文艺出版社，2010：146-147.

### "4+3" 的实践心得

通过上面的实践，我想告诉大家的是：不要盲目地去跟随，尝试一下，感受一下，再继续往前走，多思考和总结，积累自己的经验，很快你的心中就会有一把尺，可以时刻量度你的健康。当你明白了食物的性格后，你就可以把它们当成你最好的朋友，在有不同需要的时候你可以敲不同的门。

因为我通过这么多年的实践和教学深深地明白——我们都是普通人。既然我们是普通人，我们很难，也不应该和高僧大德去比较，我们可以在日常的生活中把"4+3"灵活运用，让这些美好的工具使我们的生活更有质量。

符合现代人的轻断食法不是墨守成规的，不是教条式的，更不是绝对性的，它充满不同的可能性，是启发性的、有弹性的、好玩的！

好玩的事情才能让我们不断地重复去做，所以你一定要找到一套能够让你觉得"轻断食"是一件非常好玩的事情的方法，这样你就会一辈子玩下去，而且越玩越好玩！

## ■ 锻炼

锻炼的方式千变万化（包括准备篇中介绍的懒人"土豆操"），不同的人需要选择不同的运动类型。姜淑惠医生的断食演讲里提到，在断食期间出现的酸痛是身体脂肪的不完全燃烧所引起的，如果想高效地把这些酸痛排出的话，锻炼很关键。

### 无氧运动

在轻断食期间，我们的肌肉流失通常会比平时更快，所以在这种情况下，最好避免做过度剧烈的无氧运动。当然，如果你平时就有无氧运动习惯的话，那一般没有问题。如果你是无氧运动的零基础者，就千万不要在刚开始轻断食的时候同时进行新的运动，可以多做几次轻断食，等身体适应后再运动。在国外，有不少运动员，包括无氧运动的运动员，都是在他们轻断食期间创下人生奇迹的，不过新学者先不要着急。

**有氧运动**

像太极、瑜伽、游泳和慢跑等有氧运动都是在轻断食期间非常好的练习项目。我本人喜欢瑜伽和游泳。

**不同的体质与天气，做不同的练习**

体虚人群应尽量避免做剧烈运动，不然越做越虚，也要避免大量出汗，等身体发热冒汗后即可停止，分开几次做，多做一些被动的高效练习。如我们的土豆操里的"挂土豆"，简单又有效，是某些明星热爱的懒人瘦身运动，也是甲田光雄医生书里提到的"毛细血管"运动。我几乎每天晚上都会做。

肌肉紧张的人可以先泡一个热水澡再进行深度的拉伸，例如借助瑜伽球或瑜伽滚腹轮进行简单安全的后翻拉伸，让我们的脊柱得到最大幅度的伸展。

体虚或患病人群都可以在家做一些等长运动，就是自身力量的练习，比如土豆操里的"煎土豆"（平板支撑）、站桩或者瑜伽里的树式。

关注脊柱练习：除了瑜伽球、瑜伽滚腹轮外，还有土豆操里的"滚土豆"（滚背），都是对我们脊柱极好的练习。脊柱和我们身体的健康关系密切，通过脊柱的舒展，我们的身心都能得到舒缓，甚至一些症状会在多次脊柱练习后得到明显的缓解[1]。

有脊椎问题的人，最佳运动为走路。脚出现问题的人，建议垫上矫正鞋垫后再进行长时间的步行，或者赤脚走。

容易情绪低落的人一定要试试"三温暖/冷暖交替浴"，在洗澡结束后交替淋

---

[1] 肖然.脊椎告诉你的健康秘密：身心柔软与平衡的智慧：修订本[M].北京：世界图书出版公司，2017.

冷热水最少3~5组（冷→热→冷→热→冷），一开始可以不用最冷的水，也可以先从手脚开始。这个运动执行后连沐浴露都可以省掉，毛孔不断打开收缩进行自我清洗。一开始可能会有点害怕，不过洗了之后你一定会开心到跳舞！我一边洗一边开心得在浴室里转圈唱歌！习惯之后，就可以挑战直接冷水澡，让人更振奋[1]！

在炎热的季节，建议大家不要做出汗太多的运动，不然虚耗太多。而在冬天进行出汗很多的运动时一定要注意保暖，切勿在运动后马上洗澡，可以擦干后换一套衣服休息一下再洗澡。如果运动后无法洗澡的话，可以提前垫一条毛巾在背后吸汗（我出差时就是这样在火车站里运动的）。

减肥人士记得要空腹锻炼，效果特别好。容易低血糖的先摄入含糖的天然饮品。特别瘦的人可以饭后30~60分钟开始进行。

很瘦的人应避免做出汗很多的运动，需要多做拉伸、呼吸和冥想让自己快乐起来，如此吸收变好，体重就会慢慢增加。

### 大自然

德国的断食诊所每天都会要求客人去徒步，因为大自然里的生态级负氧离子以及负极的磁场能让人身心放松，使身体的自愈力得到提升[2][3]。

在城市里，负离子含量每立方厘米在1000~2000个，而在广西巴马这种长寿村里，负离子含量每立方厘米达到2000~5000个。大城市、水泥建筑或电磁波强烈的地方存在正极磁场效应，会使我们的交感神经系统活跃，处于一种战或逃的状态中，让人烦躁不安。而海边、瀑布、森林、草地这些自然的地方则存在负极磁场效应，可启动我们的副交感神经，让人变得放松。所以，我们也会推荐学员在轻断食期间进行大自然的徒步。如果是一两天的城市轻断食，也可以带着这样

[1] 甲田光雄. 奇特的断食疗法 [M]. 李刘坤，编译. 北京：中国中医药出版社，2012.
书中其实建议一开始就用冷水，不过我有点接受不了，请各位勇敢的战士们大胆尝试。不过感冒期间切勿进行。
[2] 上里巴人. 一切都与呼吸有关 [M]. 北京：中国人口出版社，2009.
[3] 正负极磁场的研究成果来自美国科学家 Albert Roy Davis 博士和 Walter C. Rawls 博士。

的认知在工作之余去公园或者有大树的步行道活动。如果是长时间的轻断食营，那么在大自然里运动就更是必要了。走进大自然后大家都很奇怪——怎么不觉得饿呢？因为大自然已经赋予我们很多的能量。"轻断食徒步营"之所以遍布全德国，一定是德国人知道了这是轻断食期间最好的"功法"。

### ■ 艺术

　　德国布辛格断食诊所的走廊里挂满了美丽的画作，让人们在断食期间可以安静地欣赏艺术。那么生活在城市里，在家或者在工作中又该如何去享受艺术呢？其实很简单，我们可以用自己拍摄的照片来制作一些"能量图"，用修图软件加入一些自我励志的轻断食话语后设为手机屏幕，这些图文可以陪伴大家度过那些肚子饿和身体排毒的时光。

　　艺术的范围很广，大家可以提前买一些画画的工具，趁这个时候好好发挥一下，也可以去一些艺术中心上个课，你会发现自己在轻断食期间灵感澎湃如潮。艺术的等级当然有很多，我们不需要和艺术家去比较，只需要勇敢地拿一张纸（白色、彩色或黑色都可以）或者买一件白T恤（有时候我甚至会用一些包装盒来DIY制作），拿一支笔（几种常用的画笔可以是大头笔、闪光粉胶、水溶的铅笔，也可以是树枝花枝，甚至是你的手指），信心满满地涂鸦！

　　我是一个从小就偷懒不做艺术

自从长期轻断食后，我的艺术天赋被唤醒，生活变得多姿多彩。偶尔有一些学艺术的学生来上课后也会寄给我他们的画作，我会装裱起来

功课的人，所以导致我的艺术细胞无法发育。幸好我多次断食后，发现原来埋藏在"地下"的艺术种子也能萌芽！我现在特别喜欢画画、写字和做手工来自娱自乐，有时候还把这些简易的作品做成书签送给朋友或学生。所以我也期待着你们轻断食期间的作品哦！

### ■■ 声波疗法/音乐疗法

德国的断食诊所通常会有一台三角钢琴，每天客人都会在现场音乐的伴奏下享受轻断食带来的美妙。音乐作为一种"听觉"的食物（音乐疗法），在全球轻断食体系里都被重视。在《空腹健康革命》里，作者提到了我国古代的《广陵散》就是第一例可以查到的音乐治疗成功案例。音乐治疗源于原始时代的巫术[1]。希腊神话里的太阳神阿波罗既是医神也是音乐神，柏拉图和亚里士多德也是音乐治疗的先驱。中医里的五音治疗法大家应该也听说过，五音对应五脏，也有五音对应经脉的说法等[2]。1979年，美国音乐治疗博士刘邦瑞教授应邀到中央音乐学院讲学，开启了我国音乐治疗学科建设的先河。相关的书籍与论文自此有很多[3][4][5]。

我当时在德国得病时感觉很痛苦，做手术和吃药都不是我想要的，但是我也不知道究竟该如何自救。我二姐（瑞士医学博士）得知后，就寄给我一个《心经》的光碟，告诉我重复听吧。我当时也听不懂在唱什么，反正也没有别的选择了，于是就连续好几年每天重复听，听到里面说"可以除一切苦，真实不虚……"，心想"但愿如此"。虽然病情没有峰回路转地突然好起来，但我的情绪开始变得越来越稳定，不痛的时候我就被动听，痛的时候我就跟着唱，唱着的时候身上的痛感明显减轻。

[1] 田晶.空腹健康革命[M].北京：新星出版社，2009：213-216，
[2] 张伟.五音调节经脉的理论及临床应用的研究[D].北京：北京中医药大学，2010.
[3] 刘斌，余方，施俊.音乐疗法的国内外进展[J].南昌：江西中医药大学学报，2009，21(4)：89-91.
[4] 卢银兰，赖文.近20年来音乐疗法的研究概况[J].上海：上海中医药杂志，2002，36(1)：46-48.
[5] 陶功定，李殊响.实用音乐疗法[M].北京：人民卫生出版社，2008.

后来我去学了瑜伽，正好那个学校的瑜伽课程（Jivamukti流派）有唱诵环节，每次上课前大家都要跟着一个声音极美的印度风琴一起唱"OM"。我第一次唱的时候双手合掌放胸前，感觉整个胸腔都在颤动，好像我的心被按摩了一样，非常的舒服。随后我就跟着老师学习唱各个宗教、各种语言的真言/咒语，我慢慢开始感觉到自己声音的力量了。在2009年，也就是发现断食疗法的那一年，我在阿根廷担任一家机电工程公司的翻译。因为他们在赶项目，导致半夜都无法回家，我的肩膀又痛起来了。但是我哪里都不能去，身上也没有任何的精油可以按摩，于是我把手放在疼痛的地方开始唱起来，止痛效果极好。

虽然我十几岁就开始学钢琴，不过我的音乐细胞是在轻断食最密集的那一年才被打开的。有幸跟随这方面的一些国际导师（Yantara Jiro、Dave Stringer、Adriana von Runic等）去学习并加上长年累月的练习，我对音乐疗法不仅有了更多理论上的认识，也有了更多真实的体会。有一次在飞机上，一位年轻妈妈因为羊癫疯而缺氧，给她氧气筒都无法呼吸，全飞机的人都在呼叫医生。我大胆举手说我不是医生，不过我可以帮她放松，于是我通过梵音的唱诵让她放松下来。又有一次，我儿子小花生在10个月的时候因高烧半夜惊厥。帮忙晚班的保姆是中医理疗师，她看到小花生抽筋的样子很害怕，说要马上打120。可是我觉得可以先自己试试看，于是我用同样的音乐让他放松下来，免受去医院打针吃药的痛苦。我热切地爱上音乐疗愈，于是我会每天在轻断食的课堂里按照不同级别的学习给学员挑选不一样的音乐。大家可以在网易云音乐搜索我的账号"心乐露露"，里面有很多我分类的歌单供给所有人听。当然，你也可以自己设计属于自己的轻断食歌单，这会对你有很好的帮助。下面我会告诉你一些选择的标准。

一般不选择流行音乐：因为它们的频率难以达到疗愈的级别。

在古典音乐里特别推荐莫扎特和巴赫的音乐：美国有研究发现这两位伟大的音乐家所创造出来的频率和新生儿吸吮的频率是一样的，让人非常有安全感，更平和放松，比如 *Prelude No.1 in C Major*。莫扎特的音乐和北美季候鸟的歌声一样，他的钢琴独奏都比较舒缓，比如 *Sonata for Two Pianos in D Major* 就是不错的选择。大家可以在任何的音乐 App 里搜索到我所说的这些音乐，并且建立属于自己的轻断食歌单。

准备好两种不同风格的音乐——安静的和舞动的：轻断食期间，我们的能量一般会突然高涨，也会突然低落，所以我们要按照不同的心情来聆听符合我们感觉的音乐，选择那种可以与之共振，并会感到自己仿佛在和它共舞的音乐。

下面我重点介绍两种在轻断食期间非常高效的音乐疗愈：原音唱诵+梵音唱诵。

**原音唱诵**

我发现在音乐疗愈里有一个共同点，就是五音的唱诵疗愈。在中国有五音：do、re、mi、sol、la；在西方也有五个元音：A、I、E、U、O。不管你是唱东方还是西方的五音，只要你唱3分钟，你会马上发现自己的情绪会平静下来，甚至感觉到心中有喜悦，因为这些音和我们内在的声音有共鸣。而且唱原音没有任何的音乐基础要求，不需要唱对声调，只要你开口发声就成功了！我是一个从小就五音不全的人，很感激遇上这么简单的唱诵法，配合着轻断食，打开了我的声音，也打开了我的心！在我们的公众号"心乐厨房Lifestyle"输入"音乐"，大家可以找到我录制的一系列音乐疗法的音频。国际声波疗法师Yantara Jiro经常来我们的课堂当客席讲师，他给了一个极简单的练习，只唱M——O——A这三个音，每一个音延长来唱，大概3分钟。我们在学员里做了测试，有些学员感到头痛，有一些则感到胸腔变暖且非常愉悦。你们也尝试一下吧！这个方法好用还不花钱！

**梵音唱诵**

梵语是世界四大古老及疗愈的语言之一（其他三种是藏语、希伯来语、拉丁语），它虽然是一种失传了的语言，但是它是带领我们通往古老智慧的一道门。

近几十年来，全球的文化保育家都致力于梵文经典的挖掘、翻译与普及工作[1]。梵语是一种很神奇的语言，虽然已经没有人把它作为一种日常交流的语言，但是它的音调会在所有人身上产生一种相似的感觉，通过不断反复吟唱这些古老的经文——Mantra（咒语/真言）或Sutra（长一点的经文），会让人的身心产生一种被洗涤的效果。更有这方面的研究者指出，这些梵音会对应我们左右边不同身体部位的声音[2]。所以这种古老的疗愈艺术让我越深入越着迷。

这种梵音唱诵的形式与派别有许多，一般为唱诵（Chanting）、呼叫或相应唱诵（Kirtan，科尔坦）——指一个人领唱一句或一段，然后众人跟着唱，好像对话一样。我的一位老师Dave Stringer是研究这种唱诵与脑神经学的科学家，他已经在两部纪录片里阐述过这种唱诵对我们脑神经的影响[3]。我自己也是这种疗愈音乐的多年实践者。有些人接触这种音乐后会突然很开心，有些会突然落泪，我两种都体验过，也亲身见到过我身边的朋友和学员的相同体验。

在国内有很多组织会定期组织这种音乐的聚会，比较熟悉的有蕙兰瑜伽、奉爱瑜伽、昆达里尼、Jivamukti或者传统的哈他瑜伽。如果有这样的机会，我建议大家去体验一下。如果没有的话，大家可以在音乐App里搜索"瑜伽唱诵"。我认识的一位华人梵音创作音乐人李希炜，大家可以在网易云里搜索到他的梵音音乐，很受我们学员的欢迎。Dave Stringer老师的音乐现在也能在网易云音乐找到部分专辑。还有其他一些世界有名的现代梵音唱诵音乐家，包括Wah!（我第

---

[1] 著名的美国商人格西·麦克（Geshe Michael Roach）在美国成立了一个叫"西塔"的翻译学校，致力于翻译梵文经典。Dave Stringer（美国的梵音唱诵音乐家及脑神经研究科学家）同样大量地将梵语文献翻译成英语、德语、西班牙语及法语，并且和他创造的音乐结合收录在一本梵音音乐教科书 *Bhjanas Mantras*（《奉献的咒语》）里。

[2] Dr. David Frawley(Pandit Vamadeva Shastri).Mantra Yoga And Primal Sound[M]. Wisconsin:Lotus Press,2010.

[3] *Mantra—Sounds into Silence*（《咒语——进入寂静的声音》），由导演 Geroge Wyss 于2017年拍摄。另一部关于这一主题的纪录片 *The Power of Mantra*（《咒语的力量》）由导演 Campbell Wilson 于2019年拍摄。

一位现场聆听的音乐家！十分有魅力和活力的女性），Shyamdas，Snatam Kaur，Karnamrita Dasi，Deva Premal & Miten，Ragani，David Newman，Sri Prahlad，Jai Uttal and Vaiyasaki Das，Krishna Das，Satyaa & Pari，Amrit Kirtan，Sada Sat Kaur，Mirabai Ceiba，Donna De Lory，Jai-Jagdeesh，Sharanam Ganesha，等等。大家可以搜索他们的名字听一听，跟着唱，一般只有几个字，比幼儿园的课本都简单，而且你并不需要具体了解这些字的意义，即便你听不懂这些语言，它们也可以让你的意识暂时离开俗世，进入另一个空间[1]。

如果你不喜欢瑜伽派系的疗愈音乐，也可以搜索你喜欢的心灵音乐，比如天主教和基督教很多的圣歌也在我们课程的歌单里。给大家推荐一首我们特别喜欢的圣歌 By Our Love（歌手：Christy Nockels），每次轻断食的时候我都会听这首歌，经常感动得泪流满面。我觉得音乐是没有国界的。大家选择自己喜欢的音乐来陪伴就可以了。

### 阅读

德国断食诊所往往推荐断食者们在轻断食期间阅读一些有利于我们身心的读物，这很值得借鉴。有些人在轻断食期间感觉很饿，心里很馋，于是就会看菜谱（我也做过这样的傻事），结果越看越饿！所以有智慧的读者，请你们不要参考我这些错误的行为！其实我在德国的时候还是蛮严格的，回到中国后我的自控能力好像经济危机中的股票市场一样——疯狂下滑！在德国的时候都是抱着甲田光雄医生的书做断食，回到中国却看着菜谱。不过后来我也觉知到了，于是开始努力调整。在轻断食期间还是要看一些对于我们心智有所帮助的书才好。在第

---

[1]　有两本关于这方面非常权威的书：①Steven Rosen（2008）：*The Yoga of Kirtan*（《科尔坦的瑜伽》），Folk Books USA.Dave Stringer, Shyamdas, Snatam Kaur, Karnamrita Dasi, Deva Premal & Miten, Ragani, David Newman, Sri Prahlad, Jai Uttal and Vaiyasaki Das 这些梵音唱诵音乐家的采访都被收录在这里。②Linda Johnson and Maggie Jacobus（2007）：*Kirtan! Chanting as a Spiritual Path*（《科尔坦：唱诵是一条灵性的道路》）。Yes International Publishers USA.Krishna Das, Deva Premal, Bhagavan Das, Snatam Kaur, Ragani, Jai Uttal, Dave Stringer and Wah! 这些梵音唱诵音乐家的采访都被收录在这里。

九章的 Q80 的回答里，我们推荐了一些书给大家，欢迎大家去购买或者去图书馆借阅。

### 理疗/按摩

《空腹健康革命》一书提到按摩理疗以及它在断食期间起到的作用（与按摩理疗相关的书籍非常多），通过按摩理疗，许多疾病都能得到有效的改善甚至康复，许多医院里也设有相关的治疗科室[1][2][3]。在轻断食期间，如果出现排毒现象但无法通过自身的能力把毒素导引出来的话，我们可以借助外力——一位有经验的理疗师通过不同的理疗手法来帮助我们，比如推拿、针灸、正骨等。不过我一般会提醒大家必须找有资质的、正规的理疗师，不然很可能会得不偿失。

如果我们因为没有足够的金钱或者其他原因而无法去专业的理疗中心，在家也可以自己做理疗和按摩。前面我们已经介绍过瑜伽球和瑜伽滚腹轮，用它们来做脊柱的拉伸与放松就十分有效，建议大家各买一个。瑜伽球更可以代替我们的办公椅，让我们坐得更笔直。我们也可以坐在上面上下跳弹，好玩又放松。宝妈还可以抱着孩子一起做，孩子也觉得很好玩。下面我再推荐一些大家可以在家做的理疗方法：

**泡脚**

轻断食期间，很多人的体温会下降，这个时候泡脚最好，白天也可以，不过晚上 9~11 点是三焦经运行的时间，对于提升我们的气血有很大的帮助，而且睡前泡脚体温上升后，心脏与脾脏供血更充足，睡眠会更好。可以用热水或者自己煮的姜水，也可以加肉桂、红花、黄芪、艾叶，想偷懒的也可以从网上买泡脚的一些中药粉或者用自己艾灸剩下的艾灸灰。泡脚桶可以买稍微高一点到膝盖的，最好有个盖子可以把热气盖住。

---

[1] 荣湘江，刘华.理疗学 [M].北京：北京体育大学出版社，2017.

[2] 范炳华.推拿治疗学：第 10 版 [M].北京：中国中医药出版社，2016.

[3] 乔志恒，华桂如.理疗学：第 2 版 [M].北京：华夏出版社，2013.

**家用汗蒸桶**

比较肥胖的人、很少运动的人需要在轻断食期间多排汗，可以从网上买一个可以收纳的汗蒸桶。

**家用女性蒸桶**

这个非常适合体寒、有妇科问题的朋友，可以在网上买到，再自行配一个简单的药包就可以了（艾草、生姜、肉桂、当归、红花、玫瑰等都是对女性非常好的）。而且这种桶的气体一般是可以直接从阴道进入，很快就会输送到全身。我自己连续做了2年的时间。

**家庭水疗**

水疗，即SPA，该词源于拉丁文"Solus Par Agula"（通过水获得健康），在中世纪的欧洲已经开始流行，现在还有。做水疗可以让人放松，放松之后我们的副交感神经就会活跃，免疫系统也能得到提升。如果家里没有浴缸的话，可以买一个漂亮的、可收纳的泡澡桶。泡澡的水质量如果好的话，就更上一层楼；如果水质一般，我建议放一点海盐或者喜马拉雅盐。可以自己去配一点中药回来，放入纱布袋子里煮一煮，懒人的话就购买理疗级别的精油滴两滴即可，也可以买一些干花（玫瑰、菊花，各种你喜欢的五颜六色的花）给自己好好享受一下。如果选择天然精油的话，推荐大家用薰衣草精油放松。体寒的可以将生姜精油和肉桂精油先滴在盐里吸收后再放入水里，避免辛辣的精油浮在水面伤到皮肤；体弱的可以加乳香和杜仲；身体有过敏/湿疹的可以加柠檬、柠檬草、茶树或尤加利消一下毒；心烦意乱的放檀香。还可以打一杯果汁，泡一杯茶，读一本书。当然，配合放松的音乐和一点点烛光就更完美了！

**插电的艾草盐包**

这种艾草盐包规格在30厘米×60厘米左右，正好是我们的背部的宽度和长度，预热后拔掉电源，趴着把盐包放在背上。放一首歌，听一本书，点一支天然的薰香。

## 艾灸

可以网上购买一些好的艾灸条（很粗的那种比较强烈）以及艾灸的铜罐，不要买塑料的，铜的可以清洗后反复使用，比较环保。或者选择高质量的电子艾灸，无烟无火，更安全便捷。艾灸的穴位包括足三里（强壮脾胃）、血海（补血）和涌泉（属于肾经，有助利尿通便）。

## 脚底按摩

脚底有全身的反射区，按摩脚底有很多的好处，如同按摩全身一样。可以用一些比较热的油来按，比如加热椰子油或者芝麻油，精油可以用牛至叶、罗勒或冬青精油，这也是我自己常用的。

## 冥想

德国的断食诊所有专门的冥想禅修室，入住在里面会听到医生们讲解一些与冥想相关的科学研究。在东西方，冥想都是一种非常古老的生活方式，近代科学对此也有很多的研究，例如从脑神经学切入的研究[1]。

冥想可以和宗教挂钩，但是也可以撇开宗教来谈论，可以从医学、从社会、从艺术甚至从商业到个人生活去谈论！简而言之，在轻断食期间，冥想对我们的身心绝对是大有裨益的。

下面我推荐几种比较简单的冥想方法给大家：

## 音乐冥想

挑选一首或者多首你喜欢的音乐，可以是纯音乐、古典音乐、冥想音乐或者一些上面提到过的音乐疗法的音乐，准备一个好的耳机，尽情进入音乐的世界。冥想纯音乐我特别喜欢的音乐家有 Dan Gibson（加拿大）、Deuter（德国）、Karunesh（德国）、巫娜（中国）、神山纯一（日本）等。经文的唱诵我喜欢黄慧音（新加坡）、Choying Drolma（越南）和药师寺宽邦（日本）。

---

[ 1 ] 维洛多，蒲大卫.当萨满巫士遇上脑神经医学[M].台北：生命潜能出版社，2012.

实践心得：

　　非常简单，随时随地。一个好的耳机和扩音器非常重要，是值得投资的随身物。

## 听觉冥想

　　闭上眼睛，将意识放在所有你能够听到的声音上，从最近到最远的声音。

实践心得：

　　可以快速让人安静下来，进入内在的空间。

## 观呼吸

　　观察自己的呼吸，进去的空气比较冷，通过身体再呼出的空气比较温暖，慢慢延长呼吸。

实践心得：

　　可以快速让人安静下来，进入内在的空间。

## 观烛光

　　买一支你喜欢的蜡烛，凝视烛光，观想它的温暖触碰到你的心，让你全身心都温暖。

实践心得：

　　内心感觉温暖，可以快速让人安静下来，进入内在的空间。

### 黑屋冥想

创造一个全黑的空间，比如借助遮光的窗帘或眼罩，可以听音乐也可以不听，把注意力放于眉心或者丹田。

---

实践心得：

黑暗可以让松果体充电，可以让人快速进入内在的空间，启发创造力。

---

还有很多其他的冥想方式大家都可以尝试。对于初学者，我觉得有带领及音乐背景的冥想是最简单的，我们自己也录制了许多给所有人，比如《海洋静心》[1]。这是我们自制的一个最经典的语音冥想，背景音乐是我的德国音乐老师创作的。短短12分钟的音乐就可以让人快速放松和充电，真的非常符合现代人的节奏。

等大家有了更多的实践后，就可以尝试不同的方法了。冥想其实是一种现代人每日都需要"吃"的快餐，只是我们忘记了而已。在附录中（P304），我为你们做了一个21天的冥想打卡表，大家坚持一下试试看，或许会对自己有一个全新的看法。

### ▓▓ 正面心理学

偶然的情况下，我通过瑞典一个文创品牌kikiki.K遇到了正面心理学，并且找到了轻松改变思维的方法。后来我继续在"正向家长学院"学习儿童发展心理学时，又接触到关于正面心理学更多的内容和理论。我对这种方法充满信心，而且通过我们的学员测试，证明其非常有效。我们的课程练习很多，在这里我给大家介绍初阶的一些练习（见附录P305）[2]，大家也可以将它DIY在另一张纸上来做。形式不重要，重要的是你要全情投入，认真做。

---

[1] 在我们的微信公众号"心乐厨房Lifestyle"输入"音乐"即可收听。
[2] 塞利格曼.真实的幸福[M].台北：万卷出版公司，2010.

以下是一位学员做的一份练习，即对"今天让我开心的事""今天我学习了""今天让我感恩感激的事""明天我会做"进行正面、积极的回答。

**今天让我开心的事**

我竟然醒过来了！（要知道很多人是在睡梦里死去的，所以醒过来不是必然的。）

我有一份工作！（世界各地的失业率都很高，全职妈妈也是一份伟大的事业！）

我竟然学会了轻断食！（是呀，学会了，60岁看起来可以像40岁一样！）

**今天我学习了**

我今天学习了食物的性格！太让人惊讶了！

**今天让我感恩感激的事**

我家有一个很好的保姆，帮我把孩子照顾好的同时也帮忙把家里打理得很干净！

**明天我会做**

明天我准备要晨跑和冥想！持续保持高能量的状态！

这个练习可以在晚上泡脚的时候做，做完之后你就会感觉自己这一天过得很充实！

第六章

# 将轻断食变成习惯的四个步骤

　　轻断食是一种饮食习惯，而非一次性买卖，所以这个过程必须是循序渐进的，是慢慢养成的。凡事欲速则不达，只有坚持轻轻断、轻轻食，我们才能真正养成这个习惯。

　　下面是我总结出的养成轻断食习惯的步骤。

## 第一步：认清自己的性格——喜欢自学研究，还是喜欢共同完成

　　如果你属于前者，那么恭喜你，你只要好好看几本书，自己多尝试，拥有足够的智慧与定力后，就可以简单养成这个世界上最美好的习惯。如果你是后者，那么你就要找到一个群体，一个可靠的群体带领着你一起定期去实践。在这些年的教学中，我们发现其实大部分人都属于后者，所以要找到这样的一群人和你一起奋斗。

## 第二步：经常提醒自己轻断食带来的好处

　　如果你是一个健忘的人，那么我建议你把前面关于轻断食的好处抄下来，贴

在一个你经常能看到的地方（例如厨房的门、冰箱、墙壁等），每次看到都默念一次，给自己"洗脑"，把那些不健康的想法洗干净。轻断食的好处有：变美、变瘦、提升免疫力、百毒不侵、省钱……所有我们想要的都能"一键获得"。

## 第三步：进行一次长时间轻断食体验

大部分学员在一次密集的轻断食（最少5天，或者连续2个月每周2天）后，身体都会有一个非常明显的提升，而这种提升会让人一辈子难忘："哇！原来我还可以这样子的？！"当你有过一次这样的经验后，你的大脑就有了这样的记忆，这种带着胺多酚的经验会促使你想再一次去体验。如果你从来没有过这样深刻的体验，你就没有动力发自内心地想要不断去重复这种喜悦和快感。

所以我们每一期来复训的学员非常多，有时候比新的学员还要多，就是因为大家好想再来一次高潮！再来一次！然后再来一次！而且，轻断食分入门和进阶，随着你持续的练习和强度的递增，它所带来的"快感"真的是一潮比一潮高！第一次可能只是减减肥，第二次皮肤变好了，第三次开始感觉幸福感飙升（没人逗你，但你自己在偷着乐）！第四次你发现视线都变好了！第五次你开始发现记忆力变好了！ 10年后你看起来比10年前还要年轻呀，你比同龄人看上去要年轻20岁！哎呀，我的妈呀，你身边的人都对你里里外外羡慕不已！各种"一键搞定"的自我软件升级竟然不需要付出高昂的成本就能"轻而易举"地获得！这个"自我升级"比手机升级还来得让人兴奋！因为手机不断升级会越来越慢，而我们的软件每一次升级后连硬件（身体）都会被带动升级！

## 第四步：写轻断食日记

我当年一个人在德国的地下室住的时候，就是靠着一本香港艺术家阿虫设计的手册记录我每一次的断食经验。我不仅会记录断食经验，还会计划我每一次要做断食的天数，我的目的，我要准备什么。每一次结束后，我会检视我这次断食的效果，哪里做得非常好，哪里做得不好。如此，我一次比一次熟练，我对自己身体的"解码能力"也越来越强。

按照上面的四部曲，你就可以逐渐养成一个良好的轻断食习惯，久而久之，你对自己身体的"领导力"就会增强，我们身体中的一种我命名为"饮食的自我关闭机制"将会启动。也就是说，当你进食的时候，是你的身体而不是头脑在主导——当你的身体吃够的时候，它会给你指令，然后你就会自动停止进食，哪怕你头脑的贪念再大，你的身体都会抵触这些自我残害的行为。

这是我经过10年的断食锻炼后总结出来的经验！不仅我有这个感觉，跟随我学习过的学员也一样。以前身体没有这种"自动关闭的机制"时，我可以吃两大盘食物，吃到撑都停不下来，扶着墙走，但是现在哪怕我的贪念再大，再想多吃，身体觉得"够了"后就不让我再吃了。

所以，亲爱的读者，如果你跟随本书的方法执行的话，你一定会感觉到自己的身体越来越好，皮肤越来越好，如果有疾病的话一定会逐步改善，心情会变得越来越好，钱包也越来越充裕……最终你会自己证实轻断食是一键还原、重启生命免疫系统的法宝！

# 第三篇
# 轻断食问&答

第七章
**不同群体所适合的轻断食方法**

又到了一个让人兴奋的章节！为什么？因为很多轻断食的书里都会说轻断食不适合一些人，但是我们所提倡的这种轻断食法适合所有人，甚至动物！只是，我们会区分不同的群体，具体情况具体分析，因为个体和个体是不同的，适合的方法也就不同。通过这些年的实践与教学，我们总结了很多宝贵的经验，希望能够服务于你们！

## 第一种区分：健康、亚健康、有疾病、重疾人群

### 健康人群

这个人群基本不需要担心，按照书里的方法进行轻断食不会有任何问题。在排毒期间可能会短暂出现一些不适，通过休息、运动或理疗后很快就可以恢复。

### 亚健康人群

这个人群非常大，这里举11个常见的例子抛砖引玉，希望大家可以举一反三。

## 便秘

这些年来，我在解决便秘问题上很有一套心得。以我的观察和总结，便秘的产生一般有以下几方面的原因：纤维摄入不足、过食、气不足（气虚）、情绪压力、胆汁分泌不够。对应的方案如下：

### 对应纤维摄入不足

用纤维含量高的食物做轻断食，食材为含有大量生的种子的代餐（可以购买，也可以自己做）、芹菜、全谷物、生的蔬菜水果（空腹吃）。轻断食后也要保持高纤维的饮食，特别是早餐的第一杯饮品需要喝一些可以帮助下排的饮品，比如新鲜的蔬果汁＋亚麻籽粉、红糖姜茶＋山楂（懒人可以前一天晚上用保温杯泡好）、亚麻籽粉＋水（不是很好喝，不过很见效！还可以加点新鲜柠檬汁和蜂蜜，让口感更好一些）。

### 对应过食

轻断食之后依然要保持7分饱。

轻断食期间因为食物的体量变小，肠道的空间富余，肠道的肌肉有了更多的活动空间得以很好的锻炼，消化力会变好。不过轻断食之后如果又回到原来的吃撑模式，那么便秘就很难离你而去。轻断食后有两种情况会出现：第一种是胃的收缩，身体自动不让你吃那么饱；第二种是消化力变强，食欲一发不可收拾。如果是第一种，恭喜你，轻松获得了健康。如果是第二种就比较麻烦，必须配合一些意志力的练习才可能克服。我就是第二种，那时候轻断食后食欲暴发，一次又一次的失败，造成肠道的损伤。所以我决定不能再失败了，我一定要找到一个方法去降服内心那一只野猴子，于是我DIY了好几张小小的卡片放在钱包里，每次在家或食堂进食前都会拿出来看看，给自己一个鼓励。你也可以找一些能鼓励你的话，写在一张你喜欢的卡片上。

食越少，身越健；身越健，体越轻；体越轻，心越爽；心越爽，智越明；智越明，才越巧。

——石冢左玄

（1896年，日本著名养生学家石冢左玄在其著作《食物养生法》中提出"体育智育才育即是食育"。）

一粒米重如须弥山，以弥心为道心。

——佛陀

一是计功之多寡，量他们之来处。

二是计自己德行的全缺来享用供品。

三是防心离过，以戒贪为宗。

四是以食为良药，为治疗形枯。

五是为成道而享用现在此食。

——日本永平寺开祖道元禅师

当年，我一个人孤军作战，每天用各种方法克制心中那一只乱跑的野猴子！最终我没有因为失败而放弃，失败是成功之母！而且越战越勇！誓死要打败心中的馋虫！10年后，我竟然可以把这段经历写出来启发全世界！所以也要感谢馋虫给我的锻炼！

对应气不足（气虚）

你是否气虚？我想现代人十个有九个半都属于气虚，看以下几点就知道了：

你的大便成形吗？

你的舌头泛白吗？

你容易累吗？

你气短吗？

有肚胀吗？

容易头痛吗？

胸部下垂吗？

脸部肌肉松弛吗？

器官下垂吗？

…………

如果你有上述症状，那便是气虚。

想要弄明白"气不足"的原因，就要先弄清楚"气"从何处来。"气"可简单分为三种：食物（大自然）之气、身体之气和意念之气。

了解后，我们就可以通过不同的方式自然"补气"了。

● 食物之气

不同品种食物的"含气量"不尽相同；烹调方式不一样，所得的气也不一样。如果它是天然种植的，它吸收了很多天地之气；如果我们能够生食的话，我们能够吸取的气会更多；如果我们餐前能够做感恩仪式的话，我们可以赋予食物额外的气。相反地，如果一天到晚吃农药超标的熟食，你的食物"含气量"就非常地低。

所以，最好要摄入部分的生食、选择有机的食材和做餐前的感恩。做不了所有，可以选择其一开始，不到一个月你就会有不同的感受。如果你无法吃到这么高质量的新鲜蔬菜水果的话，那就要随身携带一些枸杞（鲜果或浓缩的汁）、低温人参粉（高温制人参粉很容易导致上火，感冒时不宜吃，低温的则无体质和年龄限制）以及一瓶100%纯天然的乳香和杜仲精油等，如此我们的肝肾都能得到一定程度的保护。不过，最终我们还是要回到日常的健康饮食的，努力往这个方向靠拢吧！

●身体之气

简单来说，我们可以通过一些较为简单的身体练习来获取气，比如深蹲、马步、站桩和瑜伽里的体式。这里我们重点说一下简易的站桩和深蹲。大腿是我们的第二个心脏，下肢又是身体70%的肌肉来源[1]。

很多现代人因为长期坐着而导致大腿缺乏运动、体温下降、血液循环不好。如果你能够每天做10个（最好20个或更多）深蹲或者做15分钟简易站桩（腿微微弯曲，尾骨收起来，手抱空球），你就会发现，不仅你的便秘会改善，如果你有腰疼的话，也会顺带消失，我自己就有这样的体验。大腿的力量加强后，很多小问题都会销声匿迹。

●意念之气

我曾跟父亲学习过练气，掌握了一些要领。每天练习后，我的大便就非常畅通。气一般是跟着我们的意念走的，如果要"储气"，则必须把心念收回来再做，千万不要一边想着中午吃什么美食一边练气。

练气的方式多种多样，这里主要介绍三种简单的、人人都能做的高效储气的呼吸法。

腹式呼吸：

吸气的时候肚子鼓起来，呼气的时候肚子收进去。每次做的时候呼吸要放慢，如果你的呼吸很短促的话，比如才1秒，那就从延长到2秒开始，吸气呼气均如是，逐渐增加，每次做比如4组，隔几个小时后再做。

[1] 石原结实.体温决定生老病死[M].李巧丽，译.海口：南海出版公司，2008.

**火呼吸/圣光呼吸：**

在瑜伽里，这种呼吸方法十分普遍，大家只需要把注意力放在呼气上，不断用力呼气。如果想放松的话，可以柔和一点，如果想要身体被唤醒，那就要用力，做几个后全身都热乎乎的，比暖宝宝还快！这个练习我做了有十多年了，每天早上起来空腹的时候做200个，效果显著。怀孕时，我曾怀疑是否能做，问了一位还没有怀过孕的瑜伽老师，她说孕期不要做。我停了几天后马上就便秘了！真的太神奇了！于是我就继续做，一直到生产之前我都在做，宝宝也很健康。

**喜马拉雅呼吸法：**

方法很简单，就是趴着做腹式呼吸。这种呼吸法比坐着做腹式呼吸要简单，因为肚子与地板之间有阻力，所以更容易感受到气的运行。每天做5~10分钟，不仅便秘问题能很快解决，脸色也会更红润，生殖区域会变得更热一点，甚至一些妇科的问题也会得到改善，大家不妨试试看。

### 对应情绪压力

曾经有一位长期严重便秘的学员做了轻断食加上饮食改变后，症状依然无法改善。和她交流后我才知道，原来她曾经被恐吓过——如果一天不排便就等于吸了四盒烟，结果这种心理压力导致她更无法排便。后来帮她找到原因，她对症下药，终于解决了多年的排便问题。所以压力真是个有趣的事！我们一定要找到让自己减压的方法。减压的方法有很多，如果是一般性的压力，最简单的方法就是运动，或者使用一些让人放松的精油如薰衣草精油、檀香精油等，还有定期的静心冥想。如果是因为特殊经历而造成的心理压力，建议找合格的心理咨询师协助一下。

### 对应胆汁分泌不够

我自己做了15次的肝胆净化后，对胆汁分泌与大便之间的关系有了深刻的体会。如果便秘的朋友将上面几个问题都解决后依然无法正常排便，就需要关心一下自己的胆汁分泌量了。大家可以看看《神奇的肝胆排石法》[1]，了解一下胆汁对我们消化系统的影响，再去医院检测一下肝胆的功能是否有异常，然后找专业的老师进行安全的肝胆净化。另外，胆汁分泌少的朋友记得每天要摄入好的油来促进胆汁分泌，例如冷压的亚麻籽油、橄榄油和有机初榨椰子油，可以在一天三餐各食用一汤勺。

**肩颈酸痛僵硬**

*食疗*

肩颈酸痛的朋友们在轻断食期间可以选择一些疏通肠道的食物，摄入一些好的、有机低温初榨的油，比如亚麻籽油、橄榄油或含中链脂肪酸的初榨椰子油等，可以混合在食物里，也可以单独空腹喝，更可以和果汁果昔混合在一起喝。

*运动*

运动方面，可以做一些针对性的练习，如"滚土豆"（滚背）、"拍土豆"和"捞土豆"，这几种练习对我们脊椎和肩颈的疏通都有非常明显的效果。另外可以用瑜伽球、滚腹轮来拉伸我们的背，非常舒服。

下面这道"脖子八面神"是我通过疗愈自己多年的肩颈酸痛研制出来的，十分"美味"，做完之后一定感觉很舒服。在每一个方位停留的时间一定要足够长，从3个到10个呼吸都可以，同时可以听一下有利于放松的音乐。在办公室可以上午做一组，下午做一组。

---

[1] 关于肝胆排石法有很多不同的解说，有不同的书，也有不同的导师。我以德国人莫里茨写的《神奇的肝胆排石法》为准。这本书的繁体中文版由姜淑惠医生作序，非常值得研读。不过这种疗法对不同的人会呈现不同的效果，书中的剂量也是针对体形相对大的西方人，所以必须找有经验的人带领和按照身体情况来调整剂量，不然会有风险。一旦掌握了安全的方法，就可以自己执行了。关于此方法，坊间有不少骗术，大家需要小心。

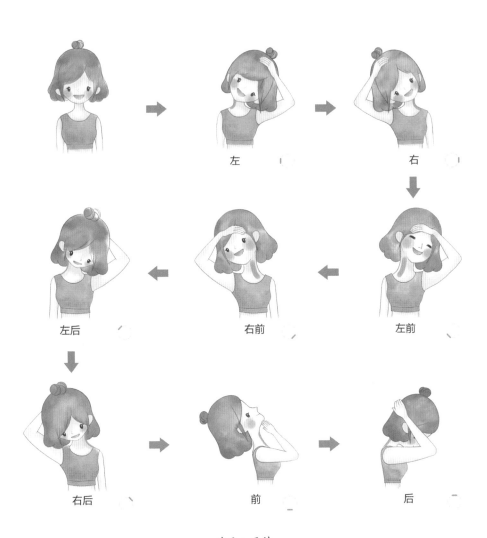

左

右

左前

右前

左后

右后

前

后

脖子八面神

脖子八面神教学视频

<u>理疗</u>

理疗方面，可以找按摩师做肩颈的按摩（安全、健康起见，最好自己准备一些温热的油。如果想简单的话，可以用芝麻油加热，这个在印度按摩里有用到，不过用芝麻油味道会像一道美味的凉拌菜）。如果自己做，可以准备一些精油，如薄荷、冬青、生姜、肉桂或牛至叶精油，10毫升基底油里加这几种精油各1~2滴，用之前也可以先温热一下，用温奶器或者热水加热即可。然后对着镜子，自己用手指或刮痧板（没有的话用调羹也可以）按或刮。也可以买一个自动敲打的肩颈按摩器敲打10分钟，非常方便。睡前可以泡脚或泡药浴，促进整个身体的血液循环，或者用插电的盐包敷背。

精油理疗

<u>姿势</u>

现如今，大部分人都是低头族，看手机的时候低着头，在办公室也是长期低头看电脑。这样的姿势对我们的颈椎非常不好，所以我建议大家把电脑屏幕垫

高，让眼睛平视屏幕。如果工作中需要看书或者文件材料的话，也可购买一个木制书托（手提电脑也可以用到，我自己就有一个）。

**容易疲倦**

*食疗*

容易疲倦的人，我建议轻断食期间食用一些补气的食物，如人参（低温萃取的更好，感冒期间也能喝。高温萃取的比较补，但感冒期间不能喝）、花旗参、黄芪、党参、红枣、枸杞、红糖姜茶等。轻断食餐的生食比例需要增加，可以一餐用沙拉，另外两餐用代餐，或者甚至三餐都用沙拉。体寒者记得放一些辛热的香料，如肉桂粉、姜粉、黑胡椒、白胡椒、牛至叶、罗勒、姜黄粉或三宝粉等。

*运动*

运动方面，可以做一些让血液流到头部的动作，最简单的方法就是找一面墙把脚提起来（见附录P303示意图），静态就能够让血液流到头部。脑部血液充足后，人自然会变得精神很多。我忙碌后如果感觉很疲惫的话，就会把自己倒过来，可以利用沙发，也可以躺在地板上靠墙做。如果你在外面无法躺下来的话，就做一个简单的后翻再前驱，伸展一下脊椎，让血液回流头部，效果也不错的。同时吸入一些醒脑的精油如薄荷、橘子类精油，都是非常好的。

*理疗*

理疗方面，可以做经络疏通，特别是肝经、胆经以及膀胱经的疏通，促进身体的排毒能力。可以用一些活血、疏通和醒脑的精油，如肉桂、生姜、乳香、没药、小茴香、玫瑰、一点点薄荷（体寒怕冷者可以不用）、橘子类精油，10毫升基底油里加这几种精油各1~2滴，用之前也可以先温热，用温奶器或者热水加热即可。没有人帮你做的话，你也可以自己按摩肩颈和腿部，学会好好照顾自己很重要。

<u>动作</u>

让身体恢复精神的动作一般以后翻的练习（打开我们胸腔的动作）为主。后翻的练习有很多，也分入门和高级的。大家可以按自己的程度来进行，哪怕只是简单地往后弯弯腰都会对我们很好。

**眼睛疲劳**

<u>食疗</u>

眼睛疲劳的朋友可以吃一些护眼食物。以下都是我自己亲测觉得非常有效的护眼食物。

枸杞：

比例：30颗枸杞：250毫升开水。

做法：焖烧杯里焖1小时或者提前泡一晚上。

心得：当然也可以做成精力汤。如果只有马力很小的搅拌机，可以提前泡好再搅；如果有马力很大的破壁机，可以直接打。枸杞可以作为我们后面任何一个饮品菜谱里的"添加剂"。枸杞的质量很关键，最好能买到有机种植的。

龙眼干（桂圆干）：

比例：10颗龙眼干：250毫升开水。

做法：水开后，小火再煮最少半小时。

心得：这个方子来自我们家的中医大姐，非常有效，喝完后眼睛感觉特别明亮。

菊花/金银花：

做法：泡水当茶喝。

心得：特别是眼睛感觉很干涩的时候，喝这个就会很舒服。我当时做完眼部激光手术后就是喝这个茶来缓解疼痛的。

胡萝卜：

做法：用原汁机榨300毫升，餐前半小时喝。在进阶的液体轻断食里，可以

榴梿吃完后不要浪费，将它的囊用来煮汤其实
非常好喝，可以代替猪骨

直接用胡萝卜汁进行半日断食。

心得：如果觉得纯胡萝卜汁不好喝的话，可以搭配苹果、橙子、柠檬或甜菜根。食材的质量很关键，最好能买到有机的，有机的胡萝卜不需要去皮。

如果用破壁机打的话，可能会很稠，口感不太好。剩下来的胡萝卜渣可以用来做蔬菜饼。

灵芝：

做法：将新鲜或干的灵芝与自己喜欢的蔬菜（土豆、番茄、包菜是我常用的）、豆子一起熬三个小时以上。

心得：关于灵芝的功效，大家可以在网上找到许多，我认为它对肝脏的好处特别显著。如果吃灵芝孢子粉的话，要吃纯粉，不带添加剂的，不然会造成肝脏负担过重，或者选择直接用灵芝来煮汤喝。我们第一次喝这个灵芝汤的时候特意做了视力测试，喝完之后看东西明显聚焦了一些。期待大家亲测体验。

运动

眼部也有运动？是的，而且很简单。

做法：

●基础版

闭上眼睛，眼珠先往左边动，停留几秒，然后往右边动，停留几秒，往上动停留几秒，往下动停留几秒，然后顺时针转圈几次，再逆时针转动几次。也可以搓热双手后自己做热"眼膜"。

乳香眼膜

●进阶版

如果有质量很好的乳香精油，可以滴一滴精油在手心中，捂着眼睛，睁开眼睛做以上的练习。

●理疗

眼部的理疗可以找有资格的理疗师做，比如艾灸或者眼部拔筋都是非常好的，这也是我经常做的。

如果是自己做的话，也有很多不同的方法：

• 大家可以在网上购买自助艾眼的工具。比如一种铜质艾眼盒，把艾条点燃后放进盒子里，隔着毛巾就可以自己轻松在家进行。铜质的比塑料的好，可以重复使用，十分环保。

• 购买一次性的蒸汽眼罩，哪怕轻断食期间你在出差的路上，一样可以自己理疗。

• 购买可重复使用的电动眼部按摩器，有充电的，也有用USB接口的。

因为我工作时经常要看手机和电脑，所以上面介绍的所有方法都是我自己日常会用到的。现代人看电子产品这么频繁，眼睛的保护非常重要。我婆婆之前看书会视力模糊和头晕，做了一段时间这样的眼部护理后，现在看书都不用戴老花眼镜了。

<u>其他建议</u>

为了保护我们的眼睛，大家看电脑或手机的时长必须掌握好，最好在连续看屏幕45分钟后看一下远处的东西。长期使用电脑工作的朋友们可以买一个能把屏幕架高的架子。

**咽喉异物感**

在轻断食的过程中，人会比平时排泄更多的体内黏液。本身已经有这个问题的人群，可能会感觉更不舒服。一般我有以下的建议：

7~10年以上的陈皮水：忙（懒）人可以用焖烧杯泡一小时以上，或者煮20分钟。陈皮化痰的功效非常显著。

玉米须、茯苓、薏仁、赤小豆：这几种食材可以单独或混合煮水喝一周，祛湿的功效也很显著。

椰子油油拔：清晨起床后用一小勺有机的初榨椰子油做油拔，可以把残留的黏物带出来。

注意不要积食和抽烟。

**心烦意乱**

在轻断食的过程中，许多学员会感觉到很烦躁。对此，我有以下建议给你：

• 做做运动出出汗，加速新陈代谢，促进体内毒素更快排出。每个人要按照自己的体力进行适当的运动，不宜过度。体虚者或孕妇或老人可以快步走到微微发汗即可。

• 听你喜欢的音乐：停顿一下，问问自己的心，是想听一首激昂的还是舒缓的音乐呢？打开音乐 App 听几首歌，把喜欢的都收藏下来，在下一次轻断食的时候就可以重复聆听。大家也可以在"网易云"里搜索"心乐露露"，找到我的账号后关注，就可以免费收听所有我整理好的歌单。

• 闻一下让人沉静的精油，如檀香、乳香或薰衣草精油等。

**头脑不清爽**

在轻断食的过程中，许多学员会感觉到自己的头脑不清爽。很多时候，如果肠道不畅通的话，头脑也会不清爽。下面给出食疗、灌肠、运动、按穴位四方面的建议。

*食疗*

新鲜的柠檬1个榨汁＋海盐＋橄榄油。如果接受不了，就加水、蜂蜜、薄荷、决明子，不过纯柠檬汁醒脑速度会更快。

上面的食疗配方能让气加速往下走。如果肚子胀或者大肠里有囤积的大便的话，最好在喝上面建议的饮品的同时，用一点点帮助消化的精油如薄荷、橘子类或生姜精油，以植物油（山茶油、橄榄油、椰子油都可以）稀释（1：20）后顺时针按摩腹部10次，加速排便。很多时候，肠道清空后脑子就会清爽很多，因为我们的大肠和大脑的联系是很紧密的。

*灌肠*

灌肠是一个非常便捷而且快速的方法。但是如果不熟悉的话，建议不要随便做。有学习意愿的，可以扫码阅读"不老女神"欧阳晶老师所教授的正确灌肠方法。

灌肠文章

*运动*

游泳是一个可以让头脑变得很清爽的运动。我自己有游泳的习惯，每逢头脑不清爽的时候，游泳后整个人就变得很精神了。

如果不会游泳怎么办？建议学一下，绝对一辈子不后悔。游泳是一种很全面的运动，既可以让体形更匀称，也能调理身体。如果真的不方便学的话，可以做"挂土豆""滚土豆"这两个动作，能促进我们全身的血液循环，放松脊椎。

*按穴位*

取一点点薄荷精油加基础油涂抹在太阳穴、风池穴、百会穴与眉心穴（印堂），然后用手指或者刮痧板摩擦或按摩，直到头部感觉一阵清凉。

大拇指与食指之间的合谷也可以按摩，如果感觉酸麻胀，忍耐一下，按摩几分钟后头脑就会清爽很多。

**睡眠不良**

轻断食对睡眠有非常显著的改善（即P008提及的"睡经"）。长期睡眠质量不佳的朋友，可以尝试在轻断食期间的晚上增加下面这些辅助睡眠的元素：食疗、理疗与瑜伽。

*食疗*

晚餐尽量少食。如果轻断食期间是吃200卡（一份代餐或者沙拉）的话，可以把量再减半，甚至用液体（初学者用较稠的果昔或浓汤）来代替，在睡前3~4小时就吃完。睡前2小时可以喝一杯低温的人参粉，用于安神，也可以喝薰衣草或洋甘菊等花茶助眠。

*理疗*

晚上9点至10点可以泡脚，用海盐（15克）、有机米醋（约250毫升）、姜末（10克，或生姜精油1滴）或薰衣草（20克，或薰衣草精油3滴）煮水后泡脚，泡到头顶微微出汗即可。泡完后，可以用一点按摩膏或椰子油按摩一下脚底，把气往下引后，整个人就更容易入睡。

*瑜伽*

一些特定的动作可以让我们的身体接收到信号——我们即将要休息了：

- 往前倾的动作。
- 身体趴着的动作。

在瑜伽理疗中，这些动作都是有依据的，并且也是我自己多年失眠后体验到的。我刚刚开始学瑜伽的时候，并不知道动作与身体之间的密切关系，总是在睡前的两个小时瑜伽练习中做大量的后翻动作，导致我失眠很严重，后来才悟到并改变。睡觉非常重要，希望大家都能睡个好觉。千万不要小看熬夜，每个人的健康银行账号里的"钱"都是有限的，过度消耗的话，很快就会透支。晚上11点前真的要睡着，早上6点起来迎接太阳，提升阳气。

**早晨起床有不快感**

如果早晨起床有不快感，应追溯前一天晚上的饮食与生活方式，看看是否有不妥。首先要考虑的是我们的排便情况，有大量宿便囤积会影响心情，所以在轻断食期间可以喝帮助下排的饮品（柠檬、薄荷、决明子或盐水等），也建议做安全的灌肠。

在晚上睡觉之前可以问自己三个问题：

- 今天有什么值得开心的呢？
- 我身边有多少人因为我的存在而感到开心呢？
- 我明天要做什么让这个世界变得更美好？

回答完这三个问题后去睡觉，并且告诉自己："明天将是我人生中最好的一天，所以我必须活得精彩！"

这些都是我们给学员做过的练习，十分有效，建议大家试试看。

## 妇科炎症

我们有不少患有妇科炎症的学员通过轻断食改善了炎症。妇科炎症的范畴比较广，原因也不尽相同，通常都是由于免疫力下降所导致，所以提升免疫力是疗愈的基础。我们需要从食物、喝水、作息、洗涤和私密护理五方面切入。

### 食物

要断绝那些会加速炎症的食物，例如肉类、海鲜类、奶类、蛋类、面包烘焙（含酵母或泡打粉）、菠萝、杧果、酵素等"发"的食物，油炸和煎炸食物也不能吃。

### 喝水

许多炎症都是身体缺水引起的，所以喝水，尤其喝优质的水非常重要。在有炎症的情况下，应该每天喝2~3升的矿泉水、经过过滤的自来水或山泉水。切记不要喝纯净水，因为纯净水呈现酸性，而发炎的身体本身也已经酸化。

### 作息

如果身体处于长期透支状态的话，炎症也会疗愈得很慢，所以休息的时间必须很充足。特别是妈妈们，如果又要上班又要照顾孩子，真的是非常辛苦，要及时和家人沟通，让他们多帮忙，让你可以腾出时间来休息。

### 洗涤

女性洗涤非常讲究，大家可以在网上买一个女性洗涤专用的盆用以清洗或浸泡。清洗或浸泡的温水中可以放不同的东西增加效力，比如小苏打、海盐、稀释的藿香正气水或加到海盐里的薰衣草（或茶树）精油，这些都可以消炎杀菌。

### 私密护理

可以把茶树和薰衣草精油稀释后擦在小腹上，也可以用基底油将它们稀释后浸泡棉条，再放在阴道里过夜，还可以把薰衣草精油滴在内裤或护垫上作消炎用。这段时间最好避免性生活。如果必须的话，双方都要清洗干净，并且建议男士戴安全套。

我在产后曾一度被妇科炎症折磨，所以深知受此烦恼困扰的女同胞们的感受。希望大家可以在有效轻断食的基础上加上我这些"法宝"后快快好起来!

## 体寒怕冷

在正常体温范围内,体温上升1摄氏度,身体的免疫力就会提升5~6倍[1],所以保持体温非常重要。在轻断食期间,因为食物摄入比平时少,我们的体温会比一般情况下低。我自己本身就是一个体寒怕冷的人,所以这些年来收集了不少提温的妙方。

### 食物(饮品)

#### ●补血酒

材料:当归30克、熟地黄50克、红花10克、肉桂6克,泡入米酒1000毫升,密封一个节气(15天)。

用量:每日睡前饮用30~50毫升。

功效:补血活血,增亮肤色,调经止痛。

---

**备注:**

• 酒选用:不是含有醪糟那种保存时间不长的,是超市卖的瓶装的。没有米酒,用黄酒也可以,黄酒加热一下效果更好。

• 我自己也泡了这种补血酒,不过因为我本身不喜欢酒精的味道,所以喝得比较少。而且每次喝的时候,我会混合自制的酵素,变成一款鸡尾酒来喝。

• 孕妇、上火者、感冒者等都不能喝。

我自己有一瓶已经泡了好几年的补血酒,我喜欢混合酵素或蜂蜜水一起喝

---

[1] 石原结实.石原结实讲温度决定健康[M].王炜,译.北京:中国轻工业出版社,2011.

●补血汤——不上火的血虚配方

材料：水1000毫升、党参3小根、黄芪5小片、陈皮1块、红枣1颗、桂圆干（去壳）3颗、枸杞5粒、黑豆和黄豆各1汤匙、干香菇2个（加干香菇可以提味，并把火气拉下来一点，不加也可以）。

做法：煮沸后慢火煮3小时，喝前加一点点海盐或喜马拉雅盐。

用量：每次喝150~200毫升，喝多了可能会上火。

*这是我们家的补血汤配方，非常好喝，我很喜欢*

●自泡人参酒

买干燥的人参泡在米酒或黄酒里，15天后每天睡前喝15毫升。

●红米酒（客家娘酒）

可以网上购买。这是客家人的一个特色，很甜的味道，非常容易接受，睡前喝2汤勺即可。这是中国版的"红酒"。

●椰子姜茶

姜茶的品种非常多，我自己也购买了很多来比较，很多姜茶不是姜味太呛（容易上火）就是糖的质量不好，后来喝了来自香港有机店的椰子花糖加有机姜的冲剂，觉得非常温和，不上火。如果大家买不到这个的话，就多尝试其他不同品种的。当然也可以自制，用新鲜的姜加红糖，千万不要用白糖。

●玛萨拉茶（Masala Tea，印度香料茶）

香料茶（红茶、生姜、桂皮、丁香、豆蔻、黑胡椒）在内地部分地区可能是很陌生的。这些香料都非常辛温，喝完之后马上会感觉全身温暖。也可以不加茶喝，非常适合轻断食期间饮用。

做法：

将香料包（里面含茶包，不想提神可以取出）放在水里煮最少30分钟，起锅前再放牛奶、椰奶或其他植物奶煮开后即可享受，可以按个人口味添加甜味剂（椰子花糖、红糖、枫糖浆、龙舌兰蜜等）。

玛萨拉茶里的几种香料都是很常见的御寒、提温香料，非常值得尝试。

食物（香料）

●有机黑胡椒（原粒，自己研磨最好）

这是非常暖身的香料，体寒严重的人可以把它放在轻断食期间的所有食物里，特别是一些生冷的果汁、果昔里面。轻断食期间，有时候觉得肚子很冷的话，我会直接用温水加一小点（约0.25克）黑胡椒喝进去，肚子马上就暖了。胃需要在一定的温度下才能工作，如果喝了冰冷的东西的话，大概30分钟后才能恢复正常工作。

●有机姜

姜是温暖的，这个大家都知道。新鲜的姜的热是会运行和散发的，所以吃了之后会冒汗。干姜也是辛温的，不过不流动。还有一种是入药的爆姜，黑色的，一般人不太会接触到。也有用醋泡的嫩姜，在日本料理里很常见。我认为最方便的应该是姜粉，可以买小瓶装的，随身携带。

●有机肉桂（粉）

肉桂是一种增温、保暖的香料，和新鲜的姜是最好的搭档，一个产生热能，一个可以保温，所以建议大家两种一起吃。忙碌的人可以买优质的姜粉和肉桂粉混合在一起食用。我就研发了这样的一个香料粉，名为"暖心粉"，特别适合放在甜味的轻断食餐或果昔里。

●有机姜黄粉

姜黄粉属于印度香料里的一种"神物"。许多去过印度的人都知道感冒发烧的时候，每两个小时喝一勺热的姜黄粉蜂蜜水（姜黄粉和蜂蜜加入热水中），很快就可以疗愈。平时，姜黄粉也可以入厨房作为我们的日常调味料。轻断食期间，姜黄粉特别适合怕冷、免疫力偏弱的朋友们食用。我用姜黄粉和其他几种香料混合了一种叫"暖身粉"的香料粉，味道像咖喱粉一样，适合用在咸味的轻断食餐里。

许多人对于这些香料很陌生，所以我把它们调制成两种调味粉，暖身也暖心。

穿戴

●护腰

护腰的宝贝有很多种，大家可以在网上自由选择。当我们的肚子、后腰被温暖后，整个身体也会感觉更温暖，血液循环会更好。

●暖宝宝

建议购买带有艾草成分的暖宝宝，可以贴在神阙穴（肚脐）和肾俞穴（肚脐正后方左右旁开处），在冬天会倍感温暖。

●脚趾袜

很多人都不知道我们的脚趾和健康有着很密切的关系。在轻断食期间，我们除了可以做一些脚趾的运动以外，还可以选择穿脚趾袜来促进血液循环。我的婆婆在多次轻断食后，本来不能打开的脚趾现在可以打开了，轻断食期间，我给她买的脚趾袜她也一直穿着。这种袜子对老年人非常好。

●加绒裤子（牛仔裤，运动裤）

我们的大腿是心脏的反射区，所以大腿的保暖十分重要。在轻断食期间，大家要多注意大腿的保暖，女孩子千万不要为了美而在寒冷或者有空调的地方穿短裙，身体更重要。

■■ 有疾病人群

了解了轻断食对于疗愈各种疾病的好处后，相信很多人都迫不及待地想去尝试。我自己作为一个重症康复的人，很想给各位病友一些真切的建议，希望你们可以在康复的路上走得越来越好。

如果是一般疾病，比如糖尿病、三高、湿疹等，我相信通过大约1年的轻断食与饮食转变后，都会有非常明显的改善，甚至有机会痊愈，这是我从我们学员那儿观察到的。不过，不同程度的疾病所需要的方案不尽相同，我简单分成三大类。

**过度症：因肥胖或过重引起的糖尿病、三高、心脏病等**

这是因为摄入过多而引起的。这类病人非常需要在轻断食的基础上改变自己的饮食结构，尽量做到30%或以上的生食，做到全食（不吃白米、白面、白糖等）和控制饮食（吃到七八分饱），并配合能出汗的运动。如果能做到，在一个月内就会有显著的改变。附录中有相关案例可供大家参考[1]。

**缺乏症：免疫系统疾病、身体虚弱等**

这是由不同程度和不同种类的元素缺乏而引起的疾病，最具代表性的是免疫系统疾病，或者身体很瘦、虚弱，经常感冒。这类人群在轻断食的强度上需要把

[1]　参阅P270孙萌妈妈（姜晓英）的个案。

握好，不能操之过急，以改变食物结构为主，等身体素质变好后再进入减量的阶段。运动上不要做出汗太多的运动，多做一些有氧运动、等长运动（运用自身的张力如平板支撑）和拉伸舒展的运动。

## 高压性：甲状腺疾病、肠道问题等

因为压力而引起的疾病，最具代表性的是甲状腺问题、饮食很健康却依然有肠道问题。据我观察，这类人群除了轻断食加上有效的食疗以外，还要做减压的练习。每个人适合的减压练习都不一样，有些人要去做SPA，有些人需要去大自然。用什么方法减压不是重点，重点是要觉察到自己的疾病和压力有关。有观点认为——一切的疾病都源于压力。我不是100%认同，但是我觉得压力的确是一个隐形的病因。我们前面提到过，曾经有一位长期严重便秘的学员在轻断食加上饮食改变后，因为心理压力更加无法排便，后来找到原因并对症下药后，她终于解决了多年的排便问题。所以压力真是个有趣的东西！

### 重疾人群

对于重疾人群，我们也需要区分是哪一类型的重疾，很难一概而论。不过在这里，我可以凭我有限的知识提供一些真切的分享，希望对于重疾的朋友有帮助。

无论是哪一种重疾，都不要急于做减食，可以先在质（quality）与结构（structure）上做调整，且不能操之过急，不然排毒反应来得太快，身体会非常难受。可以以一周改变一个饮食元素作为标准，循序渐进，比如第一周改变主食——把白米变成糙米，第二周增加餐前的生食，第三周把蔬菜换成有机蔬菜，如此类推。找有经验的人来量身定制个性化的轻断食计划非常重要。改变的速度必须按照当事人可接受的程度，不要勉强，因为保持愉快的心情非常重要！在我自己生病与教学的这些年中，我发现大部分患有重疾的朋友都有比较严重的心理障碍，或是来自儿时的经历，或是来自其他情感创伤的经历。对于这些人，建议在轻断食、饮食和运动的基础上加上一些心理辅导，找合格的心理医生或者心理辅导工作者进行情绪梳理，还要辅以冥想静心或祈祷，并多看滋养心灵的读物[1]，多管齐下地全面疗愈。

## 第二种区分：男女

男性和女性做轻断食的方式也有不一样的地方。西方人通常单纯以卡路里摄入量来区分，也就是男性可以比女性多吃一点。但我觉得除了卡路里的区别以外，我们还可以针对男性和女性的不同需求来制订他们的轻断食餐。

我认为男性的消耗比较多也比较快，做体力活的男士可以以蛋白、淀粉和油脂为主。女士如果想减肥的话，可以以蔬菜水果为主，这样瘦身的速度会如大家所愿地迅速加快。

## 第三种区分：年龄

### ▇▇ 婴幼儿

在西方的轻断食书里，婴幼儿一般不会被提到，因为都默认他们是不适合轻断食的。我可爱的儿子小花生却是推翻这个理论的代言人，他自从吃固体食物以后，每周一都会和我们一起做不同程度的轻断食，半固体或者液体都有。如果他感冒咳嗽发烧的话，我就会让他做1~3天的液体断食，他的病就会好得非常快。就在我写到这里的前一天，他发烧了，我让他喝了一天的果汁，充分休息和玩耍，他第二天起床后就退烧了。如果妈妈对这种疗法有100%的把握，并且熟悉食物属性的话，可以在孩子不舒服的时候适当地进行短时间的轻断食，以促进免疫力的提升，再配合适当的纯天然精油，可以免受不必要的医疗干预。小花生出

---

[1]《NAMASTE 生命喜悦的祈祷》这本书中的祈祷文超越宗教，适合所有人每天阅读朗诵。有重疾的人更需要这样的正面思维引导。

生到现在（2岁半）都没有去过医院、吃过药和打过针。不过，如果妈妈们自己都没有长时间的轻断食经历，就不要贸然尝试，需要找有经验的人指导。

### ■ 青少年与成人

青少年可以跟成人一样按本书所教授的有效方法进行轻断食。很多青少年被青春痘困扰，包括年轻时的我，如果他们的父母知道这种轻断食的方法，就可以引导他们通过轻断食来调整皮肤，效果会非常显著。不过青少年很多时候会被自己的同伴影响，如果不和小伙伴们一起吃"垃圾食品"的话，可能会被视为异类，所以作为父母，需要善巧地引导孩子，比如让他们在家的时候进行轻断食，而不需要在小伙伴面前吃不一样的东西，例如每周选几天在早上喝精力汤以代替传统早餐。

### ■ 老人

老人家的情况可能会比较复杂，因为改变固有饮食习惯实际上是一件非常困难的事情，特别是对于老年人。不过尽管如此，也不是不可能。我曾经有一位76岁的学员，她看到我网上的一篇报道，被我先生的蜕变故事深深地吸引，发誓一定要跟我学习，把自己几十年的小毛病治好。我们的课程一般不接受60岁以上的学员，但在她的坚持下，我们还是派了一位学员和她线下见面辅导，最后这位老太太成了一位非常优秀的学员！所以真的不要小看每一个人，不管老少，都有可能爱上轻断食！

这就是我们的学员王鹰和我们目前为止年纪最大但是最勤奋的学员

如果你是一位长者，并且已经看到了这里，那么你一定可以有足够的执行力去尝试书中的方法。如果你是年轻人，想说服家里老人进行轻断食的话，那么你就必须多花心思了，有时候真的很难成功，我自己的爸妈都花了很长时间（十多年）才接受。他们二老都是非常固执的，我用了很多不同的方法，"威逼利诱"，爱心陪伴，刻意讨好，最后我爸爸还是跟着线上的课程进行，执行到了80%。他一开始甚至会骂人："好好的怎么不给我吃！"到后来他自己感受到了轻断食的好处——"怎么早上这么早起来还满身都是劲，打扫完全屋还不觉得累，多年的胃痛突然就消失了，排便也好了很多。"最后当我爸爸看到自己的肚子小了一圈时，他也是蛮自豪的。我妈是比较难搞定的。我在一次线下的断食营里带着她做7天的液体断食，到了第4天，她的眼睛都开始发亮了。我妈是一个必须时刻陪伴着她才能执行的人。我婆婆倒是家里最精进的一位，她跟着我们线上的课程执行得非常好，而且还带动身边的朋友们一起做轻断食，绝对是老人的典范。

所以大家要观察一下，了解自己家的老人性情如何，按照他们的需求来帮

我第一次看到我婆婆的时候，她整个人都很臃肿

在跟我学习3年后，她变成了另一个人。照片是2019年初摄于我家

他们制订适合他们的轻断食方法，让他们可以开心地接受。如果老人身体不太健康，大家可以以远离疾病作为切入点，或者带他们去做一次体检看看哪些指标不达标，增强他们的保健意识。我就是这样对我婆婆的，她去年去体检乳腺增生严重，今年体检一点都没有了，医生都觉得很奇怪。同时可以给他们看我婆婆的21天轻断食微电影[1]，很多学员的父母都是在看了之后受到极大的鼓舞而对轻断食有了信心。很多老人家的接受能力不是很强，我们可以参考重疾人群那种递增的方法，循序渐进地给予帮助，并多给老人家鼓励，特别是用一些一家人和谐在一起的画面去说服他们，因为老人家都喜欢和子孙多一些时间在一起，那么健康就是最好的筹码了。

## 第四种区分：特殊群体

把孕妇和动物放在一起，大家也许觉得很滑稽，不过我一直觉得动物是我们的朋友，而且它们确实很特殊，所以跟大家一起分享这两个特殊群体的轻断食经验。

### 孕妇

西方的轻断食方法没有提到孕妇可以做轻断食，西方所提倡的那种一天几杯黑咖啡的轻断食方法当然不适合孕妇（正常人其实也不太适合）。不过我所提倡的这种方法对孕妇绝对是安全的，我自己亲身测试过，也有好几位孕妇学员可以证明这一点[2]。许多女性在怀孕的时候情绪不太稳定，突然很开心，于是就吃，突然又不开心，于是吃更多。结果很多孕妈妈在身边的人和自己的催眠下，从一根竹子吃成一个球。

我认识的最夸张的一位朋友是从不到50公斤吃到了100公斤，最后因为过胖

---

[1] 在微信公众号"心乐厨房Lifestyle"的"个案视频"中找到《花生奶奶的21天轻断食》微电影。
[2] 参阅本书P264李丽洁的真人个案。

提前剖腹产，脂肪多到医生都说快找不到宝宝在哪儿了，而且羊水非常污浊，宝宝生下来身体也不好。所以，如果你准备怀孕或者正在怀孕，看到这本书真是恭喜你了！你即将要成为一个传奇，一个"不胖的孕妈传奇"。我在孕期就是这样，不仅不胖，手脚还变得很修长，整个孕期状态非常好，身材体态都一级棒，在孕期7个月的时候还能轻松倒立，让身边所有人都很惊讶，包括我自己和我的家人。

　　孕妇轻断食的关键一般在于家人的看法，还有孕妇自己的信念，对我们这种轻断食的理论和原理也要有透彻的理解，在这样的前提下去做的话，就会非常安全。孕妇的轻断食有别于普通人，

作为一个有重病而且高龄的孕妇，第一胎的孕期其实面临很多的挑战。幸好我掌握了这一套自我调节身心的方法，让我拥有一个平安且高能量的孕期

在量的递减上不能过快或太执着，普通人的轻断食餐如果吃30%的话，孕妇可以吃70%，然后随着适应度慢慢递减。可以重点在结构上（戒掉"三白"，白米变糙米，少肉，增加生食等）和晚餐上做文章。因为孕妇夜尿特别多，如果晚餐少吃且改成轻断食餐的话，夜尿的次数会明显减少，睡眠质量会大大提升。妈妈睡得好，对于安胎有非常好的帮助。

　　孕妇在轻断食的帮助下可以有效控制体重，增加顺产的概率。不过我建议孕妇也要多看看有关分娩的书籍，了解相关的知识。我当时就看了《温柔分娩》《妈妈，我是为你而来的》《这样养育孩子最健康》这几本非常经典的书，也跟我先生一起去"盐妈网"上了线下的分娩课程，多方面为新生儿做好准备。

### 动物

动物也能轻断食？当然！断食本身就是所有动物的天性，它们在大自然里就是会在生病的时候不吃饭，晒晒太阳，过几天之后就龙精虎猛。我们要说的动物应该说是"宠物"，因为人类不仅自己吃得多，也整天给家里的宠物喂食，它们想吃多少就给吃多少。不过很多年前就有关于老鼠的测试，发现随意吃的对照组的寿命比控制饮食的测试组要短。

有一次，我们一位美容师学员来上课，把家里的宠物狗阿富也带了来。这只狗一直有抑郁症，会咬自己的尾巴，在轻断食之后体重下来了，整个"狗"都精神了，而且咬自己尾巴的行为也消失了。所以，轻断食真的是可以让全世界的人类和动物都热切地去拥抱！

现代的生活中，不少人持续积食导致身体出现各种毛病，就连我们的宠物也一样。在后面的个案里，大家可以读到阿富的轻断食故事

第八章

# 轻断食的误区

许多人之所以不敢去尝试轻断食，是因为他们对轻断食的认识有误区。经我总结，误区大概有以下几种：

## 误区一：轻断食就必须吃素

回应：

吃素当然是一个选择，但不吃素也是可以轻断食的，最重要的是尊重你身体想前进的速度，跟随自己内心的指南针往前走。

西方的轻断食方法只是纯粹计算卡路里，所以只要在卡路里范围内，荤素是不作区别的。

而本书所提倡的这些轻断食方法考虑的不仅仅是卡路里和减肥，还考虑了其他方方面面，所以在食物方面会选择全食、生机、悦性和有机等（高能量的素食），为身体在短时间内提供最高的能量。在从荤食到素食的过程中，每个人都可以自由选择最适合自己的方法。

## 误区二：轻断食就无法跟家人一起吃饭

回应：

当然可以和家人一起吃饭，只要你掌握了心乐轻断食的几个主要原则——全食、生机、悦性、有机，烹调方式温和（即非煎炸冰冷），不吃"三白"，多吃生的蔬菜，饭量控制在日常的1/3上，知道在餐桌上哪些符合轻断食原则，哪些不符合，遵守游戏规则就可以。

## 误区三：轻断食就无法外出吃饭 / 应酬

回应：

答案和第二个误区的回应一样。前面提到一位非常忙碌的教授，一天飞一个城市，但是他为了要彻底摆脱三高和药物，在饭局上诚恳地和大家沟通，大家没有反对，相反还对他的意志力感到敬佩。我们总是活在别人的眼里、别人的评判里，其实别人真的没有我们想象的那样在乎我们。我们另一位学员在春节期间进行高阶的肝胆净化，别人喝白酒，她喝泄盐+柠檬水（看起来也很像白酒）。她本来以为不吃饭别人会很在意，最后却发现没人觉察到她竟然一口都没有吃。其实聚会的核心在于交流，而不是吃，所以，哪怕你不吃也是可以很好地与别人交流的。

## 误区四：轻断食减肥很容易反弹

回应：

用不注重日常饮食的轻断食法减肥，100%会反弹。轻断食不是一次性的手术，它是一种持续的锻炼，学习并掌握食物的特性和饮食结构后稍微将日常饮食改变一下，就能很好地掌控我们的体重。

## 误区五：轻断食就是要吃一些代餐之类的产品

回应：

不一定。对于没有时间做饭的人可以是这样，喜好动手的人可以自己动手做轻断食餐。我有很多的轻断食菜谱可以给大家尝试。

## 误区六：轻断食能治百病

回应：

这说法真的又夸张又真实，同时又不能单纯以字面意思去理解。我自己当然是通过轻断食与断食治愈了疾病，不过我同时也做了很多其他方面的改变。生活是错综复杂的，人体需要的养分也是多元的，如果认为仅靠轻断食就能行走天下，未免有点太天真了，特别是对于那些严重疾病患者。

轻断食是一个很厉害的武器，但它更是一种生活方式。它不是全部，它是其中一个点，不是一个面。如果我只是轻断食，却天天熬夜，不爱运动，天天生气，难道大家觉得我会如此健康吗？我们是要相信轻断食的力量，它经过了几千年的印证，但是也不要仅仅依赖它，我们需要改善整个生活方式，才可以达到一种持续的高能量生活状态。

## 误区七：轻断食就是辟谷

回应：

轻断食不等于辟谷。

辟谷来自道家，分为"药辟谷"和"气辟谷"，非常注重功法的练习。而轻断食一词来自西方，它是一种结合了断食与饮食的养生法（Fast Diet，轻断食的英文原意就是既断也吃，边吃边断，轻轻断、轻轻吃），只有一般性的锻炼，并没有强调道家里的功法。它们两者有相似也有不同。

## 误区八：轻断食要气血足的人才可以做

回应：

如果是气血很足的人做轻断食会非常简单，因为轻断食是在"燃烧"体内多余的垃圾。而气血虚的人就没有太多"燃料"可以燃烧，反而会感到不适，所以需要配合一些能够补充气血的食物与饮品（枸杞汁、低温人参粉、红枣黄芪水等）、适当地晒太阳和有氧运动，如此就可以通过轻断食有效地打造更强壮的身体。

## 误区九：轻断食会导致缺乏营养

回应：

如果单从西方营养学的卡路里来讲，可能对于某一些人来说会导致营养不良。但是我们所提倡的这种轻断食方法十分注重食材的来源，所以按照我们的方法来进行轻断食是不会缺乏营养的。大家可以看看案例分享中那位肿瘤科医生的故事（P290）。

## 误区十：轻断食就是随便少食

回应：

轻断食是循序渐进并且有方法地少食，而不是随便少食。随便少食容易导致进食不规律，引发各种胃病。如果轻断食不配合一点意志力引导的话，很容易在轻断食结束后大吃大喝，取得相反的效果。

## 误区十一：轻断食不需要锻炼就可以瘦身

回应：

轻断食期间，虽然食物的摄取变少了，但是我们的身体也是需要通过锻炼来"进食"的，最起码要九分吃一分练。轻断食期间锻炼，会加速新陈代谢，更有利于瘦身。如果不锻炼的话，哪怕瘦下来，肉都是松的而不是紧实的，不美观。

## 误区十二：轻断食就是少食多餐，控制热量

回应：

不断进食导致脾胃无法休息，这对身体并没有好处。轻断食是少食的同时稳定三餐甚至可少于三餐的，这取决于自己的身体状态，不饿可以不吃。而控制热量是西方营养学的指标，并不适合所有人。

## 误区十三：轻断食后一定会瘦

回应：

不一定，我就有辅导过14天后1公斤都没有减下来的学员，后来发现她的体质属于严重气虚血虚型，而且因为小时候长期服药导致肝功能失调。不过她在其他方面却有收获，她的皮肤明显变好了。所以轻断食不是一种单纯减肥的方法，虽然大部分人都会因此而瘦下来。没有瘦下来的也不代表没有收获，只是每个人所体现出来的不一样。像这样的个案，就需要先以一些超级食物、锻炼和心智练习来调理身体一段时间后才能进阶学习。

## 误区十四：轻断食单纯为了减肥，断一次效果就立马可见

回应：

有时候确实是这样的。可是减肥是一项终生事业，如果不定期进行的话，很快又会反弹。

## 误区十五：轻断食并不适合每个人

回应：

本书所推荐的方法有很多种，可以根据每个人不同的身体状况去量身定制。所以，在我们这个体系里，每个人都适合轻断食。

第九章

# 轻断食 102 个常见问（Q）与答（A）

**Q** 1 断食期间可以做艾灸吗？因为感觉有点冷，可以艾灸神阙、关元之类的穴位吗？

**A** 可以做艾灸的。

**Q** 2 轻断食期间可以纳米汗蒸吗？喝纳米水对身体有好处吗？

**A** 轻断食期间是可以做汗蒸的，但是要注意根据身体需求补充水分。纳米水，如果是无添加剂的，而且是你已喝习惯的，可以继续喝。

**Q** 3 腰肌劳损和腰椎间盘突出可以做拉伸中的向后拉伸吗？

**A** 不建议做。你可以做其他符合你身体强度的运动，例如我们的"土豆操"里的"挂土豆"（毛细血管运动）、吊单杆和快走。

**Q** 4 复食后，还可以按初级课程[1]的饮食方式继续吗？

**A** 复食结束后，建议根据"心乐食疗"的四大原则（全食、生机、悦性、有机）

---

[1] Lulu老师的心乐厨房的轻断食课程分为初级课程、中级课程、高级课程。本书涉及的内容主要为初级课程的范畴。

饮食，一直持续都可以。

**Q 5** 电炒锅会影响食物性质吗？

**A** 如果是电磁加热的，是有辐射的。如果是电陶炉加热，就没有辐射。辐射对食物的影响因每个人的理解而不一样，选择天然的烹调方式（煤气或电陶炉）当然是最好。如果真的避免不了电磁加热的话，建议不使用的时候拔掉电源，烹调过的食物稍微等几分钟后再进食。

**Q 6** 轻断食的周期怎样比较合理？对于没空做饭的人，怎么才能坚持轻断食？

**A** 可以从每周断一天（例如周一）开始练习。没空做饭的话，可以选择购买无添加的代餐或者外购的新鲜果汁等。

**Q 7** 复食没有做好，胃有点不舒服，需要重新按 10 天的流程再断一次吗？还有，我是个瘦子，这期下来瘦了 3.5 公斤，实在是不能再瘦了，断食期可以分 4 餐来吃吗？

**A** 较瘦的人断食需要比较长的时间增重，可能最少半年才能看到明显的效果，我们有增重10公斤的学员。复食不好很伤脾胃，脾胃功能不好又会导致更瘦。如果没有办法做好复食，对于脾胃本来就不好的人来说，不建议做时间长的，可以先做轻断一天、复食一天的，能控制住食欲再做时间长的。同时需要调整情绪，让自己开心起来，开心的人吸收能力也会变好。在甲田光雄医生的理论中，少吃多餐并不是太理想，他认为这样反而会增加脾胃的负担。所以你可以吃到不饿就停下来，等到真正有饥饿感的时候再进食到不饿（但是不能太饱）。如是者，我们的吸收能力会变得越来越好。另外，食物的种类和品质也要注意，以新鲜蔬菜和全谷物为主。详见甲田光雄的《奇特的断食疗法》。

**Q 8** 轻断食课程可以快速提高睡眠质量吗？

**A** 大部分学员都反馈在轻断食期间睡眠质量大大改善。不过这是因人而异的，轻断食不是一个针对睡眠的课程。

如果睡眠质量不好，可以先尝试以下方法：

① 调整饮食：以素食为主，少吃含激素的肉类或奶制品以及任何含食品添加剂的食物等，晚餐尽量少吃，以饮品为主。

② 晚上去锻炼（最简单的是快走），出点汗，通过运动燃烧脂肪，加速新陈代谢，有效地帮助身体排毒，身体累了就会想睡觉。

③ 睡前泡脚或泡澡：可以用海盐泡脚或泡澡，把身体的气往下引。

④ 睡前一小时不看手机，做一些舒缓的拉伸，听一些放松的音乐，可以沉思。

⑤ 做一些前屈的动作，例如婴儿式、大拜式、身体往前折叠等。

⑥ 使用助眠的精油如薰衣草、雪松或沉香精油。可以借助扩香机，或把滴了精油的纸巾放在枕头下、桌面上等。

⑦ 在我们的公众号输入"音乐"，收听我专门录制的"睡前语音冥想"。

⑧ 喝低温人参粉或我研发的月光茶，或者喝薰衣草、罗马甘菊茶。

**Q 9** 哺乳期妈妈是否也可以进行减食？谢谢老师！

**A** 每一个哺乳妈妈的情况都不一样。在公众号里，我写过好几篇关于哺乳妈妈轻断食的文章。我自己在轻断食期间曾出现过渡性的奶量减少的情况，但是一天减少后第二天就开始暴发，比轻断食之前更好。如果宝宝月龄太小的话，我建议妈妈不要做太激烈的减食，可以做一些乳腺疏通的理疗来催奶。如果减食的话，也从10%开始做起，不能像普通人一样。如果身体真的很不舒服的话，我建议先存好一定量的奶，万一奶量下降，宝宝也不会饿肚子。

奶量减少多少与你自己平时的饮食、作息、锻炼和情绪有关，所以除了饮食以外，也要注意作息、锻炼和情绪。如果孩子已经开始吃辅食（月龄在四个月以上），你的奶量也足够，那你可以大胆进行减食，根据自己的情况随时调整。建议轻断食期就按减食期的原则进行1~3天就好，之后就按照复食指导进食。哺乳妈妈容易饿，饿的时候可以吃点水果、代餐、原味坚果。

小窍门：补充三宝粉（胚芽、大豆卵磷脂、酵母）、菠萝、葡萄、酵素等都可以增加奶量。

Q 10 我有甲减和腰椎间盘突出，请问在饮食和运动中要注意些什么？还有，我四肢很凉，大便这几天特别少和干，有点像便秘，我早上第一杯水该怎么喝？

A 饮食方面跟着课程流程走就行。腰椎间盘突出需要知道是哪一节突出，如果做"滚土豆"时比较疼痛，就避免做"滚土豆"。理疗方面，可以去做艾灸和推拿。四肢很凉，推荐多做"挂土豆"。早上的饮品选择提阳的饮品——姜水＋山楂＋石斛，既可以提阳，又可以帮助排便，还可以滋阴。

建议你上了入门课程后要继续往进阶学习。除了饮食以外，运动、作息、情绪都是非常重要的。你的情况比较复杂，一定要有耐心，一步步去实践。除了课程所教授的内容以外，最好能找到一位好的理疗师给你每周定期做理疗、针灸或正骨等。给自己至少一年的时间去全方位改革生活方式，健康强壮的身体和高颜值的便便一定在等着你！

Q 11 如何区分是低血糖造成的头晕，还是轻断食造成的呢？

A 轻断食期间造成头晕的原因有很多，而且每个人都不一样，大部分是因为身体的排毒反应。如果这种排毒期间的气无法往下引的话就会往上走，或者身体缺水无法跟上体内的液体运行，就会出现头痛头晕的症状。我们一般会让出现头晕状况的学员休息一下，让身体缓和一下，很快就会恢复。轻断食只是让你身体本有的症状显现，而不是造成头晕的原因。有低血糖的人在轻断食期间头晕的话，补充一些红糖就会缓和。

**Q** 12 工作原因要上中班和夜班熬夜，中班到家晚上 11 点，夜班早上 8 点才下班，要熬一整夜。请问这样的话，平时怎么注意轻断食期的饮食和休息呢？感谢！

**A** 经常熬夜的人身体容易偏酸性，而且比较容易阴虚和气虚，饮食上可以多喝一些碱性的有机蔬果汁调整。如果阴虚，可以喝一些滋补的汤，如桃胶雪梨、石斛；如果气虚，可以喝点低温人参粉，多晒太阳，多运动。休息方面，抓住各种机会听《海洋静心》音乐小憩一会。不过在我们的学员中，因为要持续熬夜班而失去健康的有不少，他们最后都选择了其他工作时间。如果身体因此而生病的话，真的是得不偿失，需要认真考虑。

《海洋静心》

**Q** 13 月经期间可以泡脚吗？

**A** 可以的。

**Q** 14 我和朋友都想了解怎么吃有助于耐力运动训练，怎么将轻断食、素食和运动合理搭配呢？

**A** 很多专业运动员都是素食者，甚至有的运动员在全食的状态下达到了他身体的高峰极限。不过这样的身体一定是通过长期练习得来的。饮食上，我非常推荐我们的"4+3饮食原则"（全食、生机、悦性、有机+素食、少食、定期断食）。若需要额外补充蛋白质，可以用优质的蛋白和油脂（坚果、冷压油）做不同的运动食谱。耐力运动更多需要内在的支持，可以多做一些和自信与坚持相关的内在练习。

**Q** 15 因为此次需要掌握悦食的制作，可否请老师先指导我们一下，需要提前准备哪些制作食物的器具？谢谢。

**A** 最常用的就是一台破壁机。如果没有，也可以用搅拌机或豆浆机。

搅拌机我推荐：

九阳JYL-C020E料理机多功能辅食搅拌机（这个有小杯子，可以干磨打酱/浆）。

破壁机：

较实惠的破壁机：小太阳CS-1100X破壁技术料理机、美的破壁机等。

更好一些的破壁机：美康辰（可以将生黄豆打成熟豆浆）、美勒德（可以将生谷物打成熟的）等。

较高档的破壁机：Vitamix（声音比较小）。

可以不用换杯子又可以在6分钟内将生食材打成熟精力汤（豆浆或浓汤）的，目前我所知道的就是美康辰那一款。

**Q** 16 轻断食期可以每天灌肠吗？如果可以的话，是早上灌肠好还是晚上灌肠好呢？

**A** 灌肠可以，但是要在可以自主排便的基础上去灌肠而不是依赖性地去灌肠。灌肠会比较泄气，如果气虚的话，就不太建议做。灌肠后要注意补充益生菌。

**Q** 17 现在自己带两个月的宝宝，早上晚上没有办法出去锻炼，如何用其他形式代替呢？

**A** 我们的懒人拉伸和土豆操就可以在家做。其实月龄这么小的宝宝，可以用婴儿车推着在外面散步，顺便运动。

**Q 18** 我是母乳喂孩子，身体排毒的时候毒素会进入到母乳里吗？影响母乳喂孩子吗？感谢老师指导。

**A** 如果你身体里有毒素，那你的母乳品质不会因为排毒而降低（毒素本来一直存在，不会因为你排毒而增多）。相反，身体排毒后，母乳品质会提高。我自己有亲身体验，我们的学员也有亲身体验，所以不用担心。

**Q 19** 轻断食有没有时间说法？偶尔的一天两天算吗？还是得坚持某个时间长度才算？

**A** 如果只是偶尔做的话，效果当然不会太好。只有养成一种习惯后，你才可以持续享受轻断食带来的美好。第一次建议做密集的入门5~7天，或者分开到4个周末的8天，然后再做一次密集的液体断食3~5天，之后每周选一天做液体断食即可。

**Q 20** 都说不按时吃饭容易得胃病，那Lulu老师说不饿不吃，怎么理解？

**A** 每个人的身体不一样。如果你哪天决定断食，你要按时喝一点东西不让胃"空转"，从而避免胃液分泌过多引起的胃部不适（胃里面有东西消化就没有问题）。但是如果你不饿还硬吃东西的话，对肠道会有一定的伤害，还会使食物堆积在身体里面。姜淑惠医生和甲田光雄医生都是推荐"不饿不吃"的，他们都主张少吃、多排，有真正的"饥饿感"后进食才是对身体最好的。

**Q 21** 口气特别不好，是不是因为身体排毒的缘故？

**A** 轻断食期间身体会通过各种方式将体内的毒素排除，口气就是其中的一种。可以喝点菊花（金银花或陈皮）泡的茶，也可以喝点薄荷茶或含一片柠檬。

**Q 22** 今天感觉口干，而且喝水了还是口干，请问是怎么回事？

**A** 轻断食期间体内在"燃烧"，会比一般情况下更易口渴，所以你需要增加喝水量，可以1天3升。也可以考虑增加一些滋阴的药材比如石斛，或者滋阴的果汁比如西瓜和雪梨。

Q 23 容易饿，饿了会心慌、低血糖，怎么办？

A 如果容易饿、饿了会心慌的话，建议先从1天1顿轻断食餐（量可以不用减太多，从质上开始改变）开始，持续2周观察，然后再进入每周2天的强度，接着再尝试连续5~7天的挑战。血糖低的时候可以补充有机红糖（水）、低温人参粉和红枣水等，还要多注意休息。

Q 24 今天第二天，我同事说我肤色明显黄了，怎么办呢？

A 这是一种过渡性的排毒反应，可以喝一点金银花茶、山楂水等来舒缓一下肝火，过几天就会慢慢消退。同时注意作息。

Q 25 我的排便本来还是蛮规律的，每天早上8点左右，但这几天很不规律，有的时候是两天才排一次。请问老师，这个状况正常吗？谢谢！

A 轻断食期间，有些人可以长达10天都不排便，身体在自动调整后会排出非常漂亮的金黄色便便，而且会从之前的便秘体质变成每天都有排便。只要你感觉没有堵着或者难受就没关系。

Q 26 今天断食第一天，现在感觉嘴里好苦啊，嘴里还有个溃疡，眼睛干涩。有时候晚上12点睡，如果睡得早，半夜也会醒来。

A 睡得晚很容易上火，建议在晚上11点前入睡。轻断食期间熬夜对身体的伤害会比平时大很多。这种情况要注意：①喝水量要增加（一天2~3升矿泉水）；②下火的食疗有新鲜柠檬汁加海盐或喜马拉雅盐，可以喝1~2个柠檬榨的纯汁、薄荷茶、金银花茶、菊花茶、西瓜汁、雪梨汁、黄瓜汁等。睡眠质量不好的话，参考前面Q8关于睡眠的建议。

**Q 27** 断食期间觉得恶心怎么办？

**A** 可以用大拇指在檀中穴（胸口中线上，即两乳头连线的中点）的位置按压10~20下。可以涂一点点精油，例如稀释后的薄荷精油。也可以喝柠檬加蜂蜜中和一下，出去散散步呼吸一下新鲜空气。

**Q 28** 为啥肚子会"咕噜咕噜"叫，是不是吃多了啊？

**A** 肠鸣是一种肠道在蠕动的现象，并不需要太在意。

**Q 29** 排气是不是说明吃多了啊？

**A** 不一定。排气是一件好事，体内如果有过多的气的话，就会引起不同的不适感。如果排的气很恶臭，则有便秘的可能。如果是，就喝一些下排的饮品或者灌肠疏通一下。

**Q 30** 断食第4天晚上有点浑身无力的感觉，感觉自己要晕了，是低血糖吗？

**A** 断食第4天是排毒反应的高峰，可以躺下来听一听静心音乐休息一下，放松心情。感觉无力，可以适当补充一点红糖水，最主要是要休息。

**Q 31** 这几天舌苔很厚，舌头特别不舒服，脸上还长痘了，好像没吃上火的东西啊，怎么都是上火的症状啊？

**A** 舌苔很厚，表明身体湿气比较重。关于身体湿气重的解决方法：

①打薏米红豆浆，连续喝5~7天可以看出效果。

②服用低温人参粉调理。

③不吃"三白"（白米、白面、白糖），因为"三白"吃多了会造成身体里不

能被消化的糖分过多，这些无法消化的糖就会像污水一样留在身体里。

④保持充足的睡眠，用热一点的水（或者姜水）泡澡或泡脚。

⑤可以多做油拔，油拔对恢复味觉有很好的帮助。

⑥刷牙的时候刮一下舌苔。

脸上长痘，与你的排便不是很好有关（我们在课程群里观察到的）。毒素不能下排，只能通过其他方式显现出来。如果已经恢复排便，就不用担心了，等毒素排出自然就好了。如果想痘痘快点消除的话，可以涂一点茶树或薰衣草精油。

**Q** 32 月经期腰酸也是一种排毒反应吗（平时通常不会）?

**A** 可能是身体隐藏的症状显现了。可以去买暖宝宝贴在腰酸的部位，也可以买热敷包每天热敷，尽量不久坐或者久站。

**Q** 33 月经来了一点就停了，是不是食量减少引起的?

**A** 可能是身体比较寒、气血不足、激素失调、肝胆比较堵引起的。断食时，身体的隐藏症状会更明显。如果体寒，可以大量喝新鲜姜茶+红枣+桂圆+黄芪+红糖，不过下午3点后就不要喝姜茶了，可以继续喝其他的。

**Q** 34 在复食期间，吃了春卷，感觉好凉，胃好胀，是什么原因呢?

**A** 市面上的春卷一般都是大批量生产后再冷冻，冷冻出来后再油炸。这种经过极阴与极阳加工的食物是极不好消化的，特别在复食期是非常不适合的。

**Q** 35 请问，为什么下半身穿很多还是觉得很冷? 吃得少，但是大腿还是变胖，是不是血液循环不好啊?

**A** 下肢可能血液循环不太好，气血也可能有点受影响。平时记得多做"挂土豆"、深蹲的练习，每天晚上用温热的草药（姜、艾草）泡脚。

**Q 36** 请问多囊卵巢可以断食吗？

**A** 当然可以。不过和所有人一样，需要循序渐进，从轻断食入门再到液体断食。我们有很多通过轻断食改善妇科病的学员。

**Q 37** 冬天吃水果生蔬菜之类，会感觉很凉，就只能吃几口，不知道怎么办。

**A** 秋冬季节吃水果，有的人会觉得凉，这时可以加一点热性香料如肉桂、姜粉或黑胡椒等中和一下，也可以先用40摄氏度左右的温水隔水泡一下，或者用毛巾裹着放在暖气片上。

**Q 38** 血压偏高、心率过速，怎样能缓解？

**A** 逐渐把整个饮食变成低脂的素食，每天吃一份生的蔬菜沙拉，保持每天运动和规律的作息等，都可以调整血压。静心冥想会对缓解心率过速有帮助。

**Q 39** 每天都有1次排便，吃得饱的时候会排多次，这样的肠胃是不是有点让人担心？平时也吃很多水果和蔬菜。还有每天早上刷牙，都会有点痰，有时候痰会有点偏黄。

**A** 晨起有痰，可能和肺或脾胃有关系。中医讲脾为生痰之源，肺为储痰之器。色黄质稠黏痰者，胃里有热，可能为脾胃湿热或者肺热。我的建议是：①晚上少食；②喝祛湿祛痰的药茶，比如玉米须、陈皮、茯苓、赤小豆、罗汉果等都是可以祛湿祛痰的；③晚餐可以少吃（以液体、代餐、沙拉等代替）；④多游泳，可以把痰大量排出；⑤油拔。

**Q 40** 只吃蔬果（尤其是水果）的时候，胃里面总是空空的有潮热（烧心）的感觉，好像胃酸过多，如何是好？

**A** 我爸爸以前也会这样，需要整个饮食调整大概一个月后才会有明显的改变。

如果觉得吃了水果会泛酸就先不吃，也可以把水果打成果汁，加入辛辣的香料以
增加热性。

**Q 41** 饿时嘴里有一点血腥味，是怎么回事呀？

**A** 可以考虑有牙龈出血、咽炎、胃炎的可能，或者只是因为上火。如果是上火，
可以喝点金银花、菊花泡的茶或者喝点绿色的果昔。晚上早点睡。

**Q 42** 减食期是要先吃生食，然后饭量控制在平时的一半吗？早餐吃了玉米、
红薯，感觉不好消化，昨天开始有打嗝的症状。

**A** 减食期主要应做好的是减食工作。减食期应该有两餐是吃代餐/沙拉/水果/果
昔，生食的量可以慢慢增加。玉米、红薯本来就不太好消化，脾胃功能弱的不推
荐吃淀粉含量高的根茎类食物（芋头、红薯等）和豆类，特别是早餐不建议吃。

**Q 43** 吃进食物后很快就会饿，感觉经常吃不饱，而且口腔常常臭臭的，特别
是在饿的时候，还有吃了辣的、味道重的东西后。

**A** 听起来好像是脾胃功能有点弱且有积食，可以喝点陈皮＋姜泡的茶。经常有
吃不饱的感觉，可以多练腹式呼吸，多晒太阳，吃饭的时候吃慢一点。

**Q 44** 今天是轻断食第 4 天，早上突然间觉得呼吸急促，心跳也好快，1 分钟
之后恢复正常。以前从未出现过这样的情况。

**A** 从课前收集的资料里了解到你以前有过心悸症状。如果你有过心悸，出现这
些症状是正常的。轻断食会让身体本真和掩盖的状态表现出来。平时注意动作缓
慢一点。推荐多做"挂土豆"动作、腹式呼吸练习和听我们录制的《美好的世界
呼吸静心》音频。

**Q 45** 舌头一直有齿痕，怎么办？

**A** 说明湿气重，可以喝点祛湿茶（玉米须、茯苓、赤小豆），并注意作息。

**Q 46** 昨天老师的课程里有讲到上提和下排的不同饮品，那如何才能知道自己是哪种体质呢？

**A** 如果感觉气虚、手脚冰凉、身体没什么力气，可以喝些上提的。如果便秘很严重、脸上冒痘很厉害或脾胃有积食，可以喝一些下排的。

**Q 47** 今天来例假了，接下来我需要注意什么？

**A** 注意保暖，不要受寒。喝果昔可以用温水隔水温暖后再喝（脾胃功能好的不需要），晚上注意泡脚。如果有月经不调的症状，有条件的可以热敷一下腹部和腰部。土豆操中"滚土豆"可以暂时不做。

**Q 48** 老师，今天我一早起来就觉得眼睛睁不开，一照镜子发现眼睛像过敏那样浮肿，眼袋很明显，到中午还是比较肿。这个估计是什么情况？下一步要注意什么？

**A** 眼睛肿与个人体质、睡眠、饮水和睡觉的姿势都有关，建议睡前不要喝太多的水。眼袋就是下眼皮浮肿。形成眼袋的原因很多，如遗传因素、年龄因素、肾病、睡眠不足、妊娠期等，这些都会造成眼睑部体液堆积，形成眼袋。

可以尝试以下的方法：

①保证充足的睡眠，提高睡眠质量，睡前少喝水。

②经常按摩眼睑，促进血液循环。

③可以试试用黄瓜和苹果片做眼膜敷于眼部，缓解一下。

④冰敷一下眼部。

**Q 49** 轻断食期间，皮肤开始干燥，大便变得白天没有，反而到晚上睡觉前才有，而且硬、臭，是不是和没有喝果昔有关？前 3 天喝得比较多。

**A** 轻断食本身会让身体干，所以皮肤干燥是一种正常现象，可以多喝水，洗澡后涂抹椰子油。果昔可以促进身体净化，你少喝就会使大便明显不那么好。

**Q 50** 早上的便便上有一点白色，9 点多又有点便便，也是有白色。这白色是什么？

**A** 如果你以前油脂摄入过多，可能是排出的脂肪泻。如果没有腹痛，肝胆部位也没有不适，可以继续观察几天。

**Q 51** 额头和脸上长了许多痘痘，是什么原因？怎么消除？

**A** 可能是毒素不能往下排，所以往上排了。喝点下排的饮品（柠檬饮、薄荷饮、雪梨汁、黄瓜汁等）。

**Q 52** 排毒反应眼白发黄是什么原因造成的？

**A** 眼睛发黄与眼疲劳和肝胆有关系。

**Q 53** 平时已经有胃痛，轻断食期间因为吃的量少了，又导致胃疼，该怎么减轻？谢谢！

**A** 胃痛的时候可以热敷一下，同时喝点姜茶缓解。有胃病的人在饮食上一定要注意细嚼慢咽。蔬菜水果可以用40摄氏度左右的温水隔水加热一下再吃。

**Q 54** 怕胸部变小怎么办？

**A** ①用椰子油或其他胸部精油做按摩，有条件的让另一半帮忙按摩更好。

②补气：喝人参粉，练习腹式呼吸（早中晚都做）。

③可以吃一些好的蛋白，例如坚果（可以打成坚果奶来喝）。

④适当的锻炼，比如游泳对胸部非常好。

**Q 55** 断食期间觉得比较疲乏，游泳之类的运动还可以进行吗？是不是之后的时间不建议进行平时进行的锻炼？只是完成土豆操和散步就可以了吗？谢谢！

**A** 平时进行的锻炼在身体不疲惫的时候依旧可以坚持。但如果身体已经很疲惫，还是建议多休息，晒晒太阳，土豆运动或者散步都可以。

**Q 56** 左耳经常耳鸣是什么原因？

**A** 肾阴虚、经常熬夜、长时间看电视电脑手机、经常戴耳机听歌、以前左耳受过伤害等都有可能导致左耳耳鸣，可以多按摩耳朵，早睡早起。

**Q 57** 轻断食第3天，喝水感觉味道是咸的，正常吗？

**A** 正常。轻断食期间，舌头呈现各种味道一般是排毒反应。在排毒反应的那节课程里面讲到过，感觉咸一般和我们的肾有关系，注意早睡早起。

**Q 58** 生理期，而且平时手脚冰凉的女性在课程各阶段如何饮食？吃得少，本来手脚就冰凉，现在更不耐寒，请问有什么改善方法？

**A** 生理期注意保暖，不要受寒。果昔可以用温水隔水温过再喝（脾胃功能好的不需要），晚上注意泡脚。如果有月经不调的症状，有条件的话，可以热敷腹部和腰部。土豆动作中的"滚土豆"可以暂时不做。

感觉体寒的话请看后文Q75。

**Q 59** 不知道什么原因，我在感觉很饿的时候左侧肋骨下方附近会有轻微的疼痛感。吃了东西之后会缓解，然后不再痛。是因为没吃东西导致的吗？

**A** 可能的原因：左侧肋骨以前受过重压，长期紧张导致肌肉紧张，又或者与脾胃有关。如果吃了东西之后会缓解，很可能与脾胃不好有关。吃东西是一种缓解方式，但是不太推荐，可以拉伸和热敷一下。

Q 60 我虽然一直每天早上排便，但是经常是稀的，不容易成形，是怎么回事儿？

A 大便的形态和气、胆汁分泌都有关系，多多练习"炖土豆""煎土豆"等加强核心的运动，深呼吸练习也需要加强。有条件的话，可以喝点低温人参粉，做做艾灸补气，还要多晒晒太阳。

Q 61 为什么这两天我总是睡到凌晨 3 点就醒来睡不着，而且有心慌的现象？

A 凌晨 3~5 点肺经当令，心慌的现象可能是心包经和肺经不够通畅引起的。可以按摩一下在肺经上的鱼际。土豆运动方面，可以多做"拍土豆"，平时多做腹式呼吸练习。

Q 62 最近的生活习惯都挺严谨的，但不知道为什么会感觉很累，蹲下站起来会头昏。每天早上散步回来，爬楼梯回家都会觉得累。经常感觉很冷。每天早上 5 点 15 分醒来，5 点 45 分出门散步到 7 点 10 分左右回家，过程中边走边做"拍土豆"运动 10 分钟，拉伸运动 10 分钟左右，然后开始走路（不做其他运动）。回来会喝杯红糖生姜水。之后吃早餐，吃了水果蔬菜沙拉就不饿了。中午吃水果蔬菜沙拉，加一些三色糙米饭，再配些熟的食材。晚上有时候喝果昔，有时候会吃沙拉。两餐之间不会吃东西。请老师看看，我是不是哪里做得不对？我这几天在月经期。

A 流程执行得非常棒，晚上再泡泡脚就更好了。看你的描述，应是运动有点过量，导致身体太疲惫。外出运动的时间缩短到半个小时，然后静坐半小时。

补血的方法：

①可以经常喝红枣＋枸杞泡的水，吃黑芝麻粉。

②饮食上多吃一些红色、黑色的食物。

③按揉公孙穴。

④找比较靠谱的中医，开补血的方子。

**Q 63** 体重在短时期减了很多，脸上皮肤看起来有点松，怎么办？

**A** 皮肤松的主要原因其实是气不足。可以多做面部按摩，多做"炖土豆"和"煎土豆"运动，腹式呼吸也可以多做，再配合我们现在教授的饮食原则，早睡早起，坚持一段时间就可以啦！

**Q 64** 现在北方是冬天。我打破了以往吃早饭的饮食习惯，早上只吃水果或者喝蔬果汁，感觉手一个上午都没有温度，喝热茶或者用热水暖手也不行。是怎么回事？怎么改善？

**A** 北方比较冷，早上吃水果或者喝蔬果汁之前，可以用40摄氏度左右的水隔水加热，还可以加一点黑胡椒、肉桂粉等热性香料。如果依然觉得冷，说明身体还没有适应早上只吃水果或者喝蔬果汁，可以用热的精力汤代替，然后再渐渐增加生食的比例。平时也要加强锻炼，多做土豆操。

**Q 65** 复食期间饥饿感有时候还是很明显，尤其是前3天，但是稍微多吃胃就很不舒服。不知道课程结束后这个症状还会不会反复？总觉得胃好像变小了一样，也比较敏感，稍微多吃就容易胀痛。

**A** 复食期间稍微多吃胃就很不舒服，这是很正常的。因为通过轻断食，胃部的肌肉会收缩，所以轻断食后的食量一定会比以前小一些，需要慢慢增加。加上轻断食后，我们所有的感官都会变得敏感，所以多吃容易感到胀痛。以前多吃胃没有感觉，不是因为胃部没有不适，只是因为你不够敏感而已。

**Q** 66 请问一天上多少次大号才是健康的？如果两天都没有大号，有什么食谱可以调理？

**A** 如果肠胃功能不错，一天可排便2~3次（与一天吃几餐一致）。引起便秘的因素很多，详细可以查看书中讲便秘的那一节（P154）。

**Q** 67 这几天开始有点咳嗽，有痰，可以开中药吃吗？感谢！

**A** 可以的。如果症状不严重，也可以试一试川贝、罗汉果煮水喝，保持少食、饮食清淡。

**Q** 68 腿部静脉曲张有哪些疗愈方法？谢谢。

**A** 腿部静脉曲张除了好好饮食以外，推荐多做土豆操里的"挂土豆"。睡觉的时候在双腿下放一个枕头。丝柏精油也可以帮助消退静脉曲张，注意要用理疗级别的精油。

**Q** 69 请问对治疗痔疮有什么好的建议或有什么可以推荐的药？谢谢。

**A** 痔疮的诱发因素很多，其中气虚、便秘、长期饮酒、进食大量刺激性食物和久坐久立是主要诱因。可以长期坚持我们的食疗方式，然后多运动，多做腹式呼吸和"炖土豆"，不要久坐久立，常做提肛运动。我们有痔疮痊愈的学员，一直都没有复发。由此可见，治疗痔疮养成良好的生活习惯非常重要。如果是外痔，可以在痔疮部位涂抹一点椰子油或乳香精油。

**Q** 70 轻断食期间是不是更容易生气？并且生气以后产生的坏处更大于日常生活生气产生的坏处？

**A** 轻断食期间不是更容易生气，而是之前积累的负面情绪有了出口发泄出来了。这时需要好好地自我疏导，可多做静心、多运动或者写出你生气的事情后把纸撕掉等。

**Q** 71 复食开始，嘴角裂了，舌头上好像长了什么，痛！请问原因是什么？有什么解决方法？谢谢！

**A** 可能是肝火上扬、不好的调味品例如味精摄入过多、喝了太浓的生菜汁或者吃了超过自己身体承受量的蔬菜水果，又或者你吃了什么容易让嘴变成这样的食物（例如甘蔗吃太多，造成划伤）。看看你可能属于哪一种。如果是上火，就喝一些下火的茶饮，并增加喝水量；如果是不恰当的食物摄入太多的话，就马上减少，最好不再吃。

**Q** 72 乳腺纤维瘤，增生，结节，还有子宫肌瘤怎样用自然疗法治疗？纤维瘤能按摩胸部吗？非常感谢！

**A** 在饮食上注意不要摄入太多乳制品，情绪上少生气。大部分女性的这些疾病都是和情绪相关的，既不要生别人的气，也不要自己生闷气。

其实我们有时候会被一些疾病的名字迷惑。这些疾病看似很复杂，其实都是身体失衡的表现。当这种失衡造成了相应的疾病时，说明你的身体需要赶快调整。真正有效的调理方法是从饮食、身体、情绪三方面入手。姜医生的书中也说过，当固定的疾病形成后，需要更加严格的饮食、内在清除、运动和心灵层面的调整，只要坚定信心去做，再严重的疾病都会有转机。能把这本书看完，说明你已经迈出了疗愈的第一步。这段时间好好学习和实践，以后也继续按照这种方法调整生活方式，给身体时间，一切都会好起来。

**Q** 73 请问脚脱皮是什么情况呢？感谢。

**A** 产生这个现象的可能原因有很多，如皮肤缺水、细菌感染、环境等。

其实并不需要纠结身体的种种现象，每个人所处的环境、之前的饮食都不同，自然会有不同的原因。跟着本书的方法去调整自己的生活方式，把注意力放在身体整体的状态上面。只要你整体状态是提升的，那这些问题就并不需要过分在意。我们的身体很聪明，它会自己调整到最好的状态。当然，你也可以找修脚的地方做脚的护理。

Q 74 生完孩子后，一直有妇科炎症，宫颈有轻微的糜烂。医生建议吃消炎药+外用药物治疗，持续一段时间后没有完全恢复。怎么才能治愈呢？

A 产后身体整体气血能量会下降很多，跟着我们的理念做身体的净化并在以后的生活中也坚持下去，身体就会慢慢恢复。参考个案中一位通过轻断食彻底摆脱宫颈糜烂的朋友的故事，你会得到很大的鼓舞。

下面有一些针对性的方法：

①休息很重要，休息不好抵抗力就会变低。

②用藿香正气水加温水坐盆祛湿，或小苏打加温水用女性专用洗涤器清洗阴道（藿香正气水或小苏打和水的比例大约是1∶10）。

③轻断食配合艾灸。如果无法去理疗中心，可以在网上买艾贴自己做，也可以买带有艾草的暖宝宝贴在有炎症的地方以补充阳气，让身体的自愈能力增强。

④密集做上面的方法大约1周可以看到效果，但注意这段时间要避免同房。如果无法避免，请务必用避孕套。

Q 75 老师你好！我是特别怕冷的人，长年手脚冰冷，一到有空调的地方就会发抖，要怎么调理？

A 如果体寒比较严重：

①吃蔬菜水果的时候可以用40摄氏度左右的温水隔水加热一下再吃，或者加点热性香料，例如肉桂粉、姜粉、胡椒粉等，袋鼠王的暖身粉或暖心粉也很好。

②每天运动到微微出汗，多到外面晒太阳吸收阳气，晚上用热水＋姜片泡脚或买美康辰扶阳派的足浴粉来泡脚，早睡早起。

③做一些艾灸等理疗辅助。

④可以在我们微信公众号"心乐厨房Lifestyle"输入"体寒"，有两篇非常详细的文章介绍所有御寒的方法与具体的辅具及购买链接。

**Q 76** Lulu老师好。我参加几次复训后，对自我的认知越来越清晰。我发现自己食物会吃过量，头脑里的念头、担心、焦虑也会过量。似乎这种过多的需求是源于内心某种一直未被满足的状态，有种补偿心理，结果让自己经常感觉很累。这种情况如何进行内在调整呢？

**A** 可以多做静心练习，也可以去找相关的专业人士辅导。通过学习，将自己成长过程中一些让你恐惧或者不安的印迹消除掉。或者找了解自然疗法专业知识的医生做催眠或相关的咨询来寻找真正的原因。

**Q 77** 老师，为什么我吃牛油果胃不舒服呢？

**A** 吃牛油果胃不舒服那就先不吃，可以选择其他水果。我们就是这样在实践中一点点了解自己的身体的。先跟着课程进行，日后也持续去练习，一段时间后再尝试去吃一些以前吃了不舒服的食物，就会发现身体反应变得不同了。你的身体每个阶段都不一样，当你整体能量上升了，就会发现很多脏器功能也跟着变强了。

**Q 78** 老师，我目前处在轻断食排毒期第2天，除了打嗝，别的没什么不舒服，是不是排不出毒素了？

**A** 不要心急，给身体耐心。每个人的排毒反应都是不一样的，需要时间去观察。

**Q 79** 老师，您好。问题①：应该有十几年了，我的双唇一直都有些泛黑，上唇比下唇严重些，请问是什么原因啊？应该怎样调整？问题②：发现最近晚上做梦的次数比以前多了（我连续3天晚上都做梦了），这正常吗？谢谢！

**A** ①唇色发黑可能是血瘀。心情要保持开朗，多晒太阳，饮食上继续跟着课程内容进行就行。从入门轻断食到进阶不断学习，你就会慢慢观察到自己的变化。也可以参考中医里的血瘀体质，寻找好的中医师给你开一些对应的中药。

②做梦很正常，只是可能你之前不记得，可能是因为身体有些累。你可以睡前做一些放松的身体练习和听一些舒缓的音乐，更可以在睡前给自己暗示："我今晚会睡得特别好，做梦也不会影响我。"

**Q 80 怎样疗愈心病？很痛苦的，情绪差得要命！**

**A** 心病还需心药医。过去堆积的情绪可能会在轻断食期间释放出来，这是好事。大家必须学会接受自己的身体给予你的一切，好的坏的都是你，都源于你。一般人认为情绪无形，但是通过自身的经验与对很多个案的观察，我发现情绪会在我们体内变成有形物，这个不仅仅像中医里所说的某种情绪伤某个脏腑这么简单。情绪可以锁在你身体里任何一个地方，作为一个记忆体，如果你不去处理它，它会偶尔浮现在你的生活里，变成一些负面的现象，看起来和过去没有关系，但其实大有关联。比如某些事情总是让你生气，这是因为过去的某些事情你还没有处理好，所以你会基于你过去的经验来判断当下的情景。如果我们可以经常清理过去，我们就越有能力活在当下。这不是理论，这是在我身上发生过的事。我小时候曾经经历过一些很可怕的事，导致我身体某个部位在轻断食期间特别疼痛，然后我脑海里不断浮现那些画面。等我直视这样的画面过去后，我做深度的静心，借助花精油的力量把储存在细胞里的记忆清洗掉，这种疼痛就消失了。

轻断食只是我们整体健康的一个切入点，情绪是每个人一辈子的大课题。在这里，我推荐几本对我有过很大启发的书，希望可以帮到你：《零极限》《水知道答案》《与神对话》《疗愈密码》《当和尚遇到钻石》以及《当和尚遇到钻石4：爱的业力法则》。当然我自己这些年来也在不断进修和情绪相关的课程，通过20年的努力才敢说把自己的情绪在大部分时间内管理好了。所以，你也要有信心，不要放弃，要不断学习，不断自省，不断问自己问题出在哪里，答案又在哪里。其实问题都在你心里，答案也在那里。

**Q 81** 老师好！不知道为什么很想吃咸的东西。觉得饿，但又不想吃别的东西。感觉两只耳朵好像被堵塞听不见一样。餐间可以喝些其他什么吗？谢谢。

**A** 我们并没有禁止摄取咸味东西，可以适量吃一些。耳朵的情况一般与肾、肝有关，要多休息，可以到外面晒太阳，晚上早点入睡。餐间的饮品可以是水、花茶或新鲜蔬果汁。

**Q 82** 请问早上起来后体重比前一天晚上还要重，是怎么回事？断食开始后，前几天还有舌头痒、想睡觉的一些症状，这几天反而没有了，请问是怎么回事？

**A** 体重并不能说明身体的全部，只要是按照课程介绍去进行，有体重的反复并不需要特别担心。

排毒反应不会一直持续下去，身体每一天都不同，不需太担心。

**Q 83** 老师好，我有时喉咙里会有痰，经常会沙哑到说不出话，加上这边雾霾有时很严重，之前一直在喝银耳雪梨汤润肺。请问银耳属于菌菇类的变性食物，这样的话怎么取舍呢？或者有什么其他食物可以代替更好一点？谢谢！

**A** 有痰主要还是因为身体湿气比较大，坚持用玉米须、茯苓、赤小豆、薏仁煮水代替一天的饮用水，一整天都喝这个。如果体寒，可以加两片姜进去。饮食上去掉所有甜味的食物，待没有痰后再吃天然的甜味食物。

想润肺的话，可以用南北杏代替银耳和雪梨一起煲。

**Q 84** 老师，我的例假推后了几天还没来，真的没问题吗？

**A** 只要你是按照我们的课程内容去做的，是不需要担心的。月经能反映我们身体健康的一部分，但只是一部分而已。经期会随着我们的饮食，还有外界环境

（比如到外地会水土不服）、压力等的变化而受到影响。

部分国外的女性就不会像中国女性一样对经期执着。我还记得我的一位热爱铁人三项赛事的外国女同学，因为运动量很大停经了一段时间，但是她并没有因此而烦恼。她最近还生了孩子。

我觉得女性对于自身的健康关注点需要更宏观一些。如果我们可以把健康定义得更宽广一些的话，我们的整体健康与幸福感会提升，而且不会因为月经的时间而大受影响。在德国，我还遇到过每两个月才来一次月经的个案。

我想通过这些个案来告诉大家，我们需要关注的是我们的整体健康，包括饮食、身体和思维模式三方面。如果我们每天都把这三样事情做好，月经就会自动调节到它的最佳状态。轻断食后，我一般会建议给自己身体6个月的时间去进行调整。这都是我的个人观点。我自己的经期也不会100%定时定量，但我从来没有因为它而烦恼。我对我的身体有很强的敏感度，对于经期的变化，我知道它和食物、环境及情绪都有关系。因为我的饮食已经很干净，我锻炼身体又定期去做理疗，经期随它怎么样都可以。

养生的高阶就是要关照我们的内在变化，时刻保持正面、积极。当我们的内在能够达到随时随地都欢喜愉悦的时候，哪怕停经也会很快乐。希望大家能领会我想传达的意思。

**Q** 85 订的有机蔬菜都是一周配送一次，蔬菜放一周会不会影响健康？

**A** 可以用保鲜膜包好放冰箱冷藏保存，一般不会有问题。

**Q** 86 Lulu老师，您好。如果平时经常需要讲话的话，是不是可以用黄芪泡水喝？

**A** 黄芪可以增强脾胃运化气血的能力——将中焦浮散的气固密起来，加强脾胃的运化。如果本身脾胃不好，你黄芪用下去再让它加速马力，脾胃就会罢工。简单来说，黄芪补气是间接助力，前提是你身体中存储了足够的"气"。如果是本身就非常虚的人，就要注意避免虚不受补。可以喝低温人参粉，这个可以直接帮助身体补充"气"。练气的方法也继续做，吸收天地之气最快速。

**Q 87** 肉本来软软的，但是一喝冷水或一吃水果，肉立马硬了。这次效果没有纯吃代餐效果好，这是为什么？是我身体太冷了吗？

**A** 身体太虚了。水可以喝温的。如果觉得吃水果身体冷，也可以改用糙米糊或其他浓汤做轻断食餐，吃水果也要加热性香料。另外可以多去外面晒太阳，吸收阳气。如果觉得吃代餐的效果好，继续吃就可以了。

**Q 88** 请问这几天蹲下起身非常头晕是怎么回事？谢谢。

**A** 蹲下起身时动作缓慢一些，不需要担心。可以喝些蜂蜜水。

**Q 89** 老师好。我这两天吃什么嘴里都是酸的感觉，而且已经五天没有排便了，痔疮也犯了。请问是喝水少的原因吗？还是其他原因呢？谢谢。

**A** 嘴发酸，有可能是肝气太盛。肝火旺但气不足很麻烦，可以喝半杯菊花茶泻火后喝点补气的：黄芪（如果本身脾胃不好，不建议用）、低温人参粉或党参。

痔疮也是湿热与气不足引起的，可以喝祛湿茶、做深蹲、敲打脊椎底部的长强穴，可以在痔疮部位涂抹一点椰子油或乳香精油。

**Q 90** 突然饮食变清淡，明明吃下去很多，确定胃已经装了很多东西了，可是还是觉得很饿，还是好想吃是怎么回事？有时吃清淡的东西吃了像没吃是怎么回事？谢谢。

**A** 一般是脾胃失调的原因。严格按照早课的内容进行会缓解很多。还有一个说法就是情绪焦躁，一直处于"缺乏"的状态也会这样。可以写一些小卡片，吃饭时拿出来看给自己心理暗示，每天练习静心。

如果觉得清淡，难以下咽，可以稍微加一点天然的调味料增加口味。健康不代表无味。

**Q 91 手脚冰凉的解决办法有哪些？**

**A** ①运动，一天至少进行30分钟快走，一直到稍微冒汗。不能给自己任何懒惰的借口。只要你想做，一定把它完成。我曾经因为生病，10年来每天游泳1千米。大家都必须动起来！

②少吃或完全不吃冰冷的食物，特别是冷冻过的食物是大忌，哪怕它被加热，本质还是寒性。

③多吃有机的辛辣香料，如黑胡椒、辣椒、姜和肉桂等。黑胡椒和姜促进新陈代谢，辣椒发热，这三种香料属于散热类型。肉桂起保温作用。我每天的沙拉都有这些。

④纯寒性的食物不吃，西瓜和香蕉夏天也不吃。吃其他寒性食物（比如海带、冬瓜）时用热的香料中和。

⑤冬天把暖宝宝贴到下腹和脊椎底部，一直温着身体的核心部分。

⑥每天做深蹲。

⑦练气。

**Q 92 晚上背疼得厉害，胃隐隐地疼，请问是怎么回事呢？**

**A** 背疼可以去找一位好的正骨、针灸、推拿医生帮你检查一下，看看是长期背姿不正确所致还是因为其他脏腑出现问题所致（背疼位置不同，对应脏腑也不同）。看你的基本信息，你有浅表性胃炎，胃疼很可能是好转反应。轻断食时间越长，身体隐藏的症状就会出现得越多。如果担心，可以复食。轻断食是一个需要长期练习的自我保健方式。我们不需要也不可能一次性解决身体所有的问题。

**Q** 93 月经提前 10 天，今天第 7 天还没有结束，是不是果昔喝多了的原因？

**A** 这是身体自我调整的结果。之前的学员也有月经期延长的。看你上传的图片，你有点气血虚，可以喝点红糖姜水，多晒太阳，多静心。复食的时候可以选择补气血的食物。"气"是天地之精华，从营养食物里面可以吸取。但是现在的作物大部分都吸收了太多农药，哪里来的天地精华，只有满满的农药而已，健康有机五颜六色的饮食才是最基础的补气渠道。从动物中摄取气事倍功半，因为它是死的，又是被杀，死之前满肚子的怨气和恐惧，还会分泌一些毒素，然后我们再吃进去，所以尸体是不会给我们很多气的。建议大家多吃有机健康的素食，多吃生食，少吃或不吃肉。

补气方法：

①吃有机五颜六色的蔬菜获取天地精华补充气。

②练气，练呼吸：如果你的呼吸比较短的话，你的心是比较急的；如果呼吸比较长，一般情绪的控制会比较好。吸气代表拥有的能量有多少，吐气代表放松的程度有多少。我们可以通过短短的呼吸练习提升我们能够吸收的能量。

③泡低温人参粉喝（调理为主，可以帮助补气，和高温大补的人参不一样）。

④晒太阳。

**Q** 94 轻断食过程中感到饥饿，坐立不安，突然有了想吃某种东西的念头了，怎么办？

**A** 悦性饮食是一种高能量的饮食方式，基本不会感觉很饿。饿前可以分辨一下到底是馋（欲望）还是饿（真实的饥饿）。如果实在是饿，可以吃一点当季的水果。如果是馋，做一点让自己开心的事情转移注意力，比如到公园或大自然中走一走，听一听自己喜欢的歌曲等。

**Q 95** 之前也有过控制饮食的行为，前期都能坚持得很好，可是过十几天后，会出现疯狂想吃碳水食物的现象，像失去理智一样。或者是月经前期，就会出现可怕的暴食。其实我吃了那些也不觉得好吃，撑到胃疼，但是就是控制不住。我很怕断食 10 天后，会出现这个情况。

**A** 如果是有心理问题的话，我建议从心理入手，求助于心理医生或者自己学习相关知识，找到暴饮暴食背后的原因。同时不要进行长时间的轻断食，可以从一周两天，持续三个月开始。而且对轻断食与食疗需要花一点时间去认真学习，要知道它们都不是通过刻意的"控制"来达到的，更多的是通过"理解"和"领悟"。当我们通过理解食物的结构，领悟到改变饮食结构和养成轻断食的习惯带给我们的好处后加以行动，久而久之，身体就会养成"饮食自我关闭模式"，你就能够轻而易举地获得好身体与好心情。

**Q 96** 饥饿感很强怎么办？

**A** 强烈的饥饿感一般来自生理与心理两个方面。如果是生理性的话，我们可以通过给予少量的"加餐"去满足；如果是心理引起的话，一般是因为这个人在轻断食前对于饥饿感没有正确的理解。如果是一个有足够心理准备的人进行轻断食，哪怕有一点点饥饿感，他理性上会知道："这是正常的，是好事，做点别的事情，一下子就过去了。"

如果生理心理都做足准备，但是依然有强烈的饥饿感的话，这时候需要自己从思想上再下点功夫，我们能量的来源真的不只从食物来。有些健身的同学会觉得断食就没有力气去锻炼，但我们往期学员中有不少是在课程期间加紧锻炼后获得马甲线的。在欧美，也有很多断食运动员是在断食期间达到他们体能的巅峰的。信念决定一切。

**Q** 97 如果我有负面情绪需要发泄出来，可以怎么办？

**A** 释放负能量的方法有很多，下面的供参考与启发：

①已婚女学员或许可以找你先生咬一口（这是我昨天做的，经过他的同意。因为他看到我在情绪排毒，自愿做了我情绪爆发的导火线）；

②已婚男学员：给你老婆买一件或多件美丽的衣服哄她高兴；

③做运动出一身汗；

④去一个无人的地方大声喊；

⑤去汗蒸按摩；

⑥把所有不满写在纸上，然后把它毁掉。

方法无穷多。如果六个都不适合，你就自己动动脑筋，找到最适合自己的方法，在不伤害别人的情况下将负面情绪释放出来。

**Q** 98 感觉累和虚怎么办？

**A** 感觉累就让身体休息，躺下或静坐休息都可以。让身体自然恢复最直接简单。

如果不能休息，就经常做"意识呼吸"，并延长"一呼一吸"的时间。这两个练习都可以让身体中的氧气增加。

感觉虚的同学可以这样做：

①早上早点起床去看日出（看5~10秒初升的太阳）和走路，白天也可以经常看天空5~10分钟。

②深呼吸，扩大肺活量。

③抱树做感恩祈祷。

**Q** 99 尿黄是什么原因？

**A** ①体内盐分太高，或身体缺水，需多喝水，每天至少8杯水。

②前一天晚上吃太咸。

③出汗与饮食之间的比例不对。

④身体有炎症（特别是与生殖器官相关的）。

⑤上火。

学习重点：喝水很重要（小口，足量），特别是晚上不要吃重口味的食物（平时也不应该吃，减少盐的摄取量）。

**Q 100** 我很瘦，不想减重，有什么办法能不减重？

**A** 先知道很瘦的原因，对症下药。

①脾胃不好，消化系统衰退。

②情绪相对急躁的人新陈代谢太快，胃里像火炉一样，能瞬间消灭所有食物。

解决方案：

①通过断食把不必要的体脂减掉。减掉的都是你身体现阶段不需要的，不用害怕，应该高兴。

②在每一顿饭中增加有机椰子油，因为好的油分才会滋养我们的细胞，让皮肤看起来光滑饱满。同时可以在洗澡后用椰子油涂满全身，因为皮肤是身体最大的排泄器官。

③复食期间可以每天早上喝酵素，保持肠道的活跃性。

④每天运动（最好有一点无氧运动，或者起码快走到冒汗），运动后半小时进食代餐，另外增加一些全谷物的碳水化合物（糙米饭、红薯等）。

增肥计划：

运动半小时后吃全谷物的碳水化合物和蛋白质。我们的代餐、糙米纤维、椰子油、人参粉等可以做基础，再加一些食物（豆制品、蔬菜、糙米饭或淀粉类蔬菜如土豆等）。

Q 101 能喝咖啡和茶吗？

A 在我们的体系里，不建议喝任何含有咖啡因或茶多酚的茶饮。但是如果是初学者觉得忍不住的话，就喝一小杯吧，随着你的练习慢慢减少就好。如果喝咖啡，建议喝不含牛奶和糖的黑咖啡，喝了之后要补充大量水。茶水的话，可以喝一些花茶或淡绿茶，浓茶不建议喝。

Q 102 什么情况下可以停药？

A 轻断食可让许多疾病康复在全世界的研究里都能被证实[1][2][3][4][5]。不过需要服药的朋友们究竟什么时候可以通过轻断食疗法不吃药或者停药是需要谨慎对待的，我分别讲一下以下几种类型。

**一般性的感冒/咳嗽**

从开始接触轻断食和断食（26岁）到现在（36岁），我感冒咳嗽再也没有吃过药，不过每一次感冒咳嗽的情况都不一样，需要先学会自我诊断。轻断食餐也要按照身体的需要来选择，如果是寒症的话，就多用一些温暖的食物来做轻断食。我有一次在德国感冒想通过轻断食疗愈，可是我那时候对这些还没有很熟悉，于是我喝了两个星期的果昔，结果咳嗽越来越厉害。某一天，上天可能看到这个傻姑娘很想帮帮她，于是就示意我煮了一锅糙米粥，只喝了一天的糙米水（没有其他饮食），咳嗽就停了。所以，轻断食用于疗愈疾病是非常讲究的。食物真的就好像变成了药物一样，因为食物也是有它的功能的。

首先要知道的是寒症还是热症，然后对症下药。如果无法判断的话，可以用两种非常简单的食物（薄荷、姜）来增加轻断食对感冒的疗效。我大姐——一

[1] 王洪亮.断食疗法益健康[N].医药养生保健报，2007-4-16（8）.
[2] Echo.断食疗法养生排毒[N].医学美容·美容（财智），2010-3-11（5）.
[3] 刘雪英.断食疗法[N].医药养生保健报，2007-1-22（6）.
[4] 叶培汉.七天轻生活酵醒健康[N].中国医药报，2007-3-30（8）.
[5] 林殷.过午不食行不行[N].中国中医药报，2007-8-3（7）.

位中医师，经常说其实大部分人的身体都是寒热错杂，所以可以两种混合在一起喝，如果感觉身体偏冷，就把姜的比例调高，薄荷只用一点点来祛风。我建议在空腹的时候喝这个茶，过30分钟后再进食。另外加上泡脚（寒症：用500克新鲜的姜搅拌后泡脚20分钟；热症：薄荷50克加1升热水煮5分钟，再加适量海盐，泡脚20分钟）和药浴（新鲜姜500克加艾草30克煮1小时）。一天当中注意喝水量要达到3升，加速身体的新陈代谢（包括通过二便排除废物）。另外就是休息非常重要，我一般感冒的话就会充分休息。有好几次，我应该是得了流感而不是一般性的感冒，身边的人都去了医院，而我连续液体断食4天，睡了4整天，然后就好了。有时候很轻的感冒液体断食一天就好了。不仅我自己，连我家儿子也是遵从这种方法来远离不必要的药物的。

现代人一旦得了感冒就习惯性去吃药，这其实是一件很危险的事情，因为这些症状正是我们身体想把体内的废物排出的表现，吃药抑制了这个过程，就会导致免疫力不断下降，直到有一天压制不住变成大病。如果大家真的想借用一些药物的话，我建议可以买一些无添加的中成药（如藿香正气水、小柴胡冲剂）空腹时喝。为什么要强调无添加？因为有一次，我的中医师告诉我去买某某中药冲剂可以帮助感冒快点好，那个方子里明明只有三种药材，结果那个药品里的添加剂比药材都要多。真的是很可怕！所以学会看成分表是21世纪必备的生存技能，食品也好，药品也好，都需要学会去看。有一些天然的中药材确实是不错的，不过如果它们变成了成药是否还一样好呢？而且现在很多中药材都是重金属超标的，一定要学会辨别。

我有一段时间经常感冒，那时候我大姐在我身边，一旦身体出现任何症状她就会给我开药喝，喝了马上就好了，于是我就开始变懒，锻炼变少，饮食没有节制，结果很快又感冒了，又要喝苦药。懒—生病—吃药—变更懒—吃更多药—依赖吃药—无底线地变更懒……如此没有尽头地恶性循环。我们家有好几位医生，我以前相处了十多年的德国男朋友更是世界第二大药厂里的高层，他经常说：

"哪怕得了癌症也不用怕，公司有福利，家属有免费药可以吃。"如果我没有通过断食觉醒的话，我确实可以占自己一家人的便宜，享受世界上最便宜的药，吃到我不想吃为止。不过真相是我到26岁前已经吃了好多好多药了，中西药都吃太多了，我已经把自己的整个免疫力都吃垮过。幸好我觉醒得比较早，知道我们的健康是不可以依赖药物的。

如果你属于经常感冒的人，我建议你除了定期练习轻断食以外，也必须审视自己的饮食是否健康，有没有定期做有效的锻炼［核心（腹部）、大腿和身体的柔软度］，作息是否规律，有没有经常熬夜，还有你的心态与心情。所有这些都会长期影响你的免疫系统，免疫系统强大后自然就不会那么容易生病了。

**非生命危险的炎症**

在一些非生命危险性的炎症出现时，其实也是可以通过轻断食来快速改善的。有一次我不知道什么原因半边脸都肿了，可能被虫子咬了，家人看到都很害怕，要我马上去医院，可我最不喜欢去的地方就是医院。为了让家人安心，我告诉他们好好去上班，下班回来我一定好。于是我躺在床上，进行了一天的纯水断食，我的脸好像一个漏气的气球一样慢慢消肿了。身体的自愈力真的是让我一次又一次震惊！不过如此极端的纯水断食不建议新手尝试，这需要有长时间液体断食的经历做基础而且时间不能太长，因为身体会极速进入电解的状态，如果是有疾病的人，可能会濒临一种假性死亡前夕的感觉。我就有一次胆子太大，在德国自己进行了两天半，幸好我自救了，所以我在这里呼吁大家千万不要在没有专业人士陪伴的情况下做纯水的断食。我想通过上面的例子告诉大家，如果你一直练习轻断食的话，到后面可以尝试。

入门的人想一上来就通过高强度的断食来消除某些疾病是不太现实的，轻断食第一需要锻炼的就是耐心。我们着急的情绪会造成很多疾病，如果我们的心可以放下来去感受一下我们的身体，学会和它沟通的话，很快你就会像我一样做自己的医生了。初学者如果有炎症的话，首先应该进行极度简单的轻断食，用糊状或果昔，食材选择强碱性的，如蔬菜、海带、柠檬等，按照自身轻断食的天数经验来进行1~7天的轻断食，复食后也要注意避免摄入那些增加炎症的食物，如过度酸性的食物（精制食物：白面、白米、白糖）、油炸食物、鱼、肉、奶、蛋、零食等，把体内的环境从酸性变回健康的弱碱性，多吃全谷物、新鲜的蔬菜、海带和水果。如果是皮肤上的炎症的话，可以涂抹高浓度的金银花水（50克金银花：250毫升水）、椰子油、薰衣草精油、乳香精油等加速缓解。

**痛症**

我在德国读书的时候，有一位同学有偏头痛，一旦发作，几乎整个人都要倒下，失去所有工作能力。她吃很多的止痛药来止痛。这些止痛药有时候有效，有时候无效。当时我看到都好心疼，试着给了她一些改变饮食和生活习惯的建议，因为她每天都是凌晨过后才睡觉的，不爱做饭，饮食很随意，而且也不运动。可惜她没有采纳我的建议，当时我很失望，不过我知道我永远都无法帮助所有人。

将轻断食应用在痛症上，我有很多的经验，从头痛、牙痛、肚子痛到腰痛儿乎都有效。所以我真的觉得轻断食简直就是一颗万能的止痛药！这几个痛症应该是大家常见的，我们一个个来看吧！

●头痛

如果你有头痛的话，第一时间要看的就是是否有便秘。如果有，必须用最快的时间舒缓，我认为灌肠是最快的。好几次，我在头痛的时候灌肠，结束后头痛就好了。如果你无法灌肠的话，就大量喝淡盐水或者柠檬加海盐的水，大概1~2升，再围绕肚脐快速去按摩，很快你就要去厕所了。如果你头痛来自过多的思虑，那么你就可以喝一些醒脑的饮品，比如薄荷、柠檬、金橘、橘子类等的果汁或饮品，出去散散步，很快你的头就不痛了。也可以买一些小麦草粉，冲一杯来喝，再闭上眼睛听一首让你舒缓的音乐。

●牙痛

牙痛也可以通过轻断食治疗？这要看是哪一种类型的牙痛。如果是蛀牙很厉害的话，当然需要马上去看医生。如果是神经紧张引起的牙痛的话，我们可以轻断食1~3天帮助身体放松，而且可以含一小颗丁香，它是天然止痛剂。我从小就有很多牙齿的问题，在德国时做了好几次手术。有一次拔牙后我发烧，半边脸都肿了，自己一个人在地下室的宿舍里也没有人照顾我，于是我就提前买好了几瓶有机果汁，做了3天的果汁断食并睡觉，医生给我的消炎药我一颗都没有吃，结果很快就消肿了。

●肚子痛

肚子痛也是分很多种的。如果是因为过度饥饿而引起的胃酸过剩，就需要喝一些糙米汤来缓和。如果是因为吃太多消化不良的话，那么就很适合进行多天的轻断食疗程。急性的话，我建议用温暖的液体（比如糙米汤）来代替一顿饭，让肠道有时间和空间去做自我调整。如果再用一些温热的油（芝麻油或加热的椰子油）来按摩，肚子很快就会平复。我自己以前经常肚子痛，一旦开始痛，我会在第一时间躺下来，深呼吸，然后顺时针按摩肚子，感受一下身体为什么会不舒服，是太饿了还是吃多了。多做一些这样的练习，你就可以在不同的"肚子痛"里听到你身体为什么不舒服，而你需要做什么才能让它舒服起来。

我们许多学员都反馈在密集轻断食疗程后身体的敏感度会提升，以前一些自己无法感知的事物都变得立体起来。其实"痛"是身体的一种语言，它是一个code（密码），而我们通过轻断食让身体变得越来越通透的原因之一就是我们的解码能力会因轻断食而提升。这种身体的解码能力是无价的，因为如果你能准确地知道自己的身体为什么会这样，下次就不会犯同样的错误，也知道当下该做什么来停止这种不适。

●腰痛

腰痛也分不同类型，通过轻断食改善腰痛的个案我们有很多。我的一位同事木雀，她在产后一直腰痛，后来通过配合服用补气的断食饮（低温人参粉或黄芪）得到了很好的改善。我有一位美国朋友，他有腰椎间盘突出，本来要花30多万元人民币做手术，后来我帮他做了一个7天的液体轻断食，加上一对一教他一些理疗瑜伽的练习和推拿后，他就不需要做手术了。他手术10天前经过朋友找到我，我说只能试试看，没想到有如此理想的结果。所以，我认为腰痛必须配合具有巩固功能的食物来作为轻断食餐，同时需要配合有效的锻炼，如果条件允许的话进行一些经络疏通的推拿，三剑合璧，效果一定非常好！

**长期药物使用者**

如果是长期的药物使用者，就必须咨询有经验的医生。大家需要带着自己所吃的药去咨询，因为每个人的情况不一样，哪怕是同一种病，吃着同一种药，用的是同一种轻断食的方法，两个人减药的速度都会不一样。不过，我想告诉大家一个好消息，大部分长期药物使用者（除了甲状腺全切的人和服用其他维持人体基本生命功能必需的药物的人）都是可以循序渐进减少用药量的。

我们有一位精神分裂症学员，她通过我们的课程获得了百分百的康复，她的服药量也不断在递减。我建议她向姜淑惠医生咨询，在姜医生专业的解答下确认了这些药是可以逐步减量的。这位学员的父母依然非常疑虑，她爸爸还亲自上门来拜访我，要看看我是个什么样的人，看看我是否可靠。我很坦诚地和他爸爸交流，告诉他绝对不需要相信我，只要相信姜医生，相信他女儿就好。非常高兴的是，看来我给人的感觉还是不错的，她爸爸拜访后对我们所教导的内容十分有信心。当然啦，这些知识都不是我编造的，而是姜淑惠医生、甲田光雄医生通过他们几十年的临床经验总结出来的智慧！我只是搬砖而已！

我们有不少学员通过轻断食脱离了长期吃药的苦海，特别是那些因文明病如三高和过敏症引起的皮肤问题而吃药的人，大家可以在我们后面的个案里看到。我自己印象很深刻的除了精神分裂的学员以外，还有一位大学教授，他快50岁才结婚生子，孩子还很小，而自己的三高和药物依赖让他很难过，因为他希望自己可以身体健康地看着孩子成长。在多次轻断食的实操后，他已经不需要吃药了。

还有一种比较特别的皮肤病叫"银屑病"，按传统的西医来看也是无法治愈的，而我们有两个学员在轻断食后都痊愈了。还有好几个荨麻疹的学员也从依赖性的皮肤药里解放出来。哮喘的药物依赖一般也很严重，我们也有哮喘脱药的成功个案。我先生有一次去泰国出差回来得了带状性疱疹，又痒又痛，天天叫我帮他涂药，嘴巴里还说："那边医生说我菠萝吃太多了，而且医生说这个病真不好治，后遗症跟随一辈子。"可怜的菠萝被人污蔑了。我帮他涂了几天，实在是要犯职业病了，把他的药都丢了，说："断食！"然后他三天就痊愈了。我觉得我先生娶了我这个老婆真是赚大了。

类似这样的个案我们经常会听到，轻断食这把神奇的钥匙真的是让人无比兴奋！要知道长期吃药是一件多么让人痛苦的事情，治标不治本且不说，伤害我们的钱包也就算了，关键是伤害了我们的身体。过量服用西药还会伤害我们的肝，肝功能对于一个人的健康有多重要真的是失去过才知道！

我想对那些长期吃药的朋友说：

你一定要有信心！哪怕你的病很严重，是那种无论如何都无法脱药的情况，你也不要放弃，因为书中所提倡的轻断食法是绝对可以全面提升你的生命能量的，我们已经有一万多个真实的个案。花一点点时间循序渐进去改变你的饮食、锻炼你的身体、改变你的思维，你就会发现原来我们的病真的是一种恩赐！更是我们人生最大的财富！

愿你早日康复！

附录

# 餐前感恩文

让我们闭上眼睛

把双手（合十）放在胸前

深深地吸一口气

然后长长地呼出

放松我们的肩膀

放松我们的脊椎

把意识带到我们的耳朵

用我们的听觉去感知这个空间

感知眼前的食物

感谢所有为这些食物做出贡献的人、事、物

包括大自然、农夫、销售它们的人

购买它们的人、制作它们的人

感谢大自然赐予我们这么多五颜六色的食物

希望这些食物进入我们的身体里被我们全然地吸收

滋养我们每一个细胞

带给我们的身心好多爱与能量

Soha

"Soha"是"成就""愿望成真"的意思，一般出现在祈祷文或感恩文后面作为结尾。如果你有宗教信仰，也可以用你习惯的结束语。形式不重要，大家全情投入才是关键。

食谱推荐

## 轻断食食谱

注：1汤匙 = 15毫升　　1茶匙=5毫升

### 夏日清爽芹菜饮

食材：

芹菜　　1棵
雪梨　　两个
姜　　　少许

做法：

1. 将食材洗净后切段或块；
2. 将芹菜、雪梨和姜放入原汁机，出汁后搅拌即可饮用。

## 热情少女果昔

食材：

火龙果　半个

柠檬　　半个

香蕉　　1根

做法：

1.将火龙果、香蕉切块或段；

2.将柠檬榨汁后，与其他材料混合放入破壁机，按"精力汤"键打成果昔即可。

## 绿色精灵

**方法一**

食材：

当地当季绿叶菜（比如白菜、菜心）　2棵

雪梨　　2个

姜　　　少许

做法：

将绿叶菜、雪梨和姜混合榨汁即饮。

**方法二**

食材：

香蕉　　1根

当地当季蔬菜（比如白菜、菜心）　2棵

做法：

将绿叶菜与香蕉一起放入破壁机搅拌即饮。

## 甜言蜜语

食材：

杨梅　8颗

樱桃　10颗

雪梨　2个

做法：

1.将雪梨放入原汁机榨成汁；

2.往破壁机里加入雪梨汁、去核的樱桃和杨梅，按"精力汤"键，打成果昔即可。

## 一饮就上瘾

食材：

| 雪梨/苹果 | 2个 |
| 牛油果 | 1/2个 |
| 柠檬 | 1/2个 |

做法：

1.将雪梨/苹果、柠檬放入原汁机榨成汁；

2.往破壁机里加入雪梨/苹果柠檬汁、牛油果，按"精力汤"键打成果昔。

## 夏日风情饮

食材：

木瓜　半个
能量水　少许

做法：

1.将木瓜去核切块；

2.往破壁机里加入少量水，加入木瓜块，按"精力汤"键，打成果昔即可。

## 一杯丝滑奶昔

食材：

香蕉　1/2根
绿叶菜　4棵
椰浆　1/2汤匙

| 腰果 | 5克 |
| 螺旋藻粉 | 0.5克 |
| 水 | 300毫升 |

做法：

往破壁机里加入水、绿叶菜、香蕉、椰浆、腰果、螺旋藻粉，按"精力汤"键打成果昔即可。

## 含苞绽放

食材：

| 红枣 | 3颗 |
| 枸杞 | 10颗 |
| 雪梨 | 2个 |

做法：

1. 将雪梨放入原汁机榨成汁；
2. 往破壁机里加入雪梨汁、枸杞和去核的红枣，按"精力汤"键打成果昔。

## 小草青青

食材：

| 芽苗 | 一小把 |
| 雪梨 | 2个 |

做法：

将芽苗、雪梨放入原汁机榨成汁即可。

## 活力少女

食材：

| 胡萝卜 | 1根（约250克） |
| 雪梨 | 2个 |

做法：

将雪梨、胡萝卜放入原汁机榨成汁即可享用。

## 魅力紫公主

食材：

紫葡萄　15颗
苹果　　1/2个
柠檬　　1/4个
水　　　150毫升

做法：

1. 水果洗净，苹果切块；
2. 葡萄、苹果（连皮）、柠檬（连皮）和水一起放入破壁机，按"精力汤"键打成紫色果昔即可享用。

## 幻紫之星

食材：

紫甘蓝　2片叶子
雪梨　　2个

做法：

将雪梨、紫甘蓝放入原汁机榨成汁即可享用。

## 希望之光

食材：

雪梨　　2个
杧果　　半个
肉桂粉　少许

做法：

1. 将雪梨放入原汁机榨成汁；
2. 往破壁机里加入雪梨汁、杧果，按"精力汤"键打成果昔；
3. 撒上肉桂粉即可享用。

### 青春时代

食材：

腰果　　12颗
枫糖浆　2茶匙
抹茶粉　1/3茶匙
水　　　350毫升

做法：

将腰果、枫糖浆、抹茶粉、水倒入破壁机，按"精力汤"键打成果昔。

### 亚麻籽核桃奶

食材：

亚麻籽　1汤匙
核桃　　3颗
香蕉　　1/2根
水　　　1/2杯

做法：

1.核桃、香蕉切粒；
2.将亚麻籽、水、香蕉、核桃放进破壁机，按"精力汤"键打成昔。

### 女人魅

食材：

甜菜根　1/3个
雪梨　　2个
柠檬　　1/2个
姜　　　少许

做法：

1.将甜菜根、雪梨、姜切块，放入原汁机榨成汁；
2.柠檬切半挤出汁（可用柠檬器）；
3.混合两者即可享用。

## 黄金之星

食材（2人分量）：

南瓜　　　200克

胡萝卜　　50克

糙米　　　30克

三宝粉　　1茶匙

开水　　　800毫升

做法：

1.所有食材洗净；

2.南瓜连子带皮、胡萝卜带皮切块；

3.与其他材料一起放入破壁机，按下"豆浆"键打成浆即可。

## 黄金南瓜汤

食材：

南瓜　　　1/2个

玉米　　　1个

姜　　　　少许

海盐　　　少许

橙皮　　　少许

草果　　　少许

做法：

1.将南瓜切块，连皮带子煮10分钟；

2.玉米剥粒蒸煮3分钟；

3.将所有配料和调味料一同放入破壁机，按"精力汤"键打成浓汤。

## 元气能量饮

食材：

| 红薯 | 200克 |
|---|---|
| 糙米 | 50克 |
| 红枣 | 5颗 |
| 三宝粉 | 2汤匙 |
| 开水 | 800毫升 |

做法：

1. 将红薯洗净切块，糙米洗净，红枣去核；
2. 将所有材料倒入破壁机，按下"豆浆"键打成浆即可。

## 暖至心窝

食材：

| 糙米 | 1汤匙 |
|---|---|
| 荞麦 | 1汤匙 |
| 燕麦仁 | 1汤匙 |
| 黑糯米 | 1汤匙 |
| 小米 | 1汤匙 |
| 细燕麦片 | 1汤匙 |
| 开水 | 600毫升 |
| 大豆卵磷脂 | 1茶匙 |
| 芝麻盐 | 1/2茶匙 |

（芝麻盐做法：喜马拉雅盐100克加白芝麻100克炒后研磨，再加100克原颗熟芝麻入瓶）

做法：

1. 将所有材料（大豆卵磷脂和芝麻盐除外）洗净后加600毫升开水倒入破壁机，以"豆浆"模式打成浆；
2. 食前撒上大豆卵磷脂和芝麻盐。

温馨提示：

　　破壁机中"豆浆"模式可将食物由生打成熟，时长约6分钟。若家中机器没有此功能，可用豆浆机代替，或将材料煮熟后加入开水，用搅拌机打成糊状。

## 圆满南瓜汤

食材（2人分量）：

| | |
|---|---|
| 南瓜 | 300克 |
| 紫薯 | 70克 |
| 腰果 | 6颗 |
| 姜 | 2片 |
| 巴西里/芹菜 | 1棵 |
| 白胡椒粉 | 少许 |
| 海盐 | 1/2茶匙 |
| 开水 | 800毫升 |

做法：

1. 南瓜连皮带子切块，与腰果、姜、开水一起放入破壁机，按"豆浆"键打浆；

2. 巴西里/芹菜切末；

3. 紫薯蒸熟，用挖球器挖出球形紫薯；

4. 将汤盛碗，放上紫薯球，撒上白胡椒粉、海盐、巴西里/芹菜末即可。

# 复食食谱

沙拉汁配方

## 罗勒酱

材料：

| | |
|---|---|
| 新鲜罗勒 | 50克 |
| 有机山茶油/橄榄油 | 60克 |
| 龙舌兰蜜 | 10克 |
| 意大利香脂醋/有机糙米醋 | 20克 |

步骤：

将新鲜罗勒洗净后放入搅拌机，再相继放入其他调味料，搅拌30秒即可。

温馨提示：

①这里配的比例是偏酸的口感，怕酸的学员可少加点醋，或者试试以下其他酱。

②关于酱汁的搅拌，用小型搅拌机就可以。如果喜欢黏稠一些的酱汁，可以增加新鲜罗勒的量。黏稠状的酱用来伴意大利面是不错的选择。

## 日式沙拉汁

材料

| | |
|---|---|
| 温水 | 30克 |
| 有机酱油 | 10克 |
| 龙舌兰蜜 | 5克 |
| 有机芝麻油 | 2.5克 |

步骤:

1. 先倒入温水,再倒入其他调味料;
2. 用小勺子快速搅拌成酱。

## 经典油醋汁

材料:

| | |
|---|---|
| 有机山茶油 | 10克 |
| 有机芝麻油 | 2克 |
| 有机糙米醋 | 5克 |
| 龙舌兰蜜 | 2.5克 |
| 有机酱油 | 2克 |

步骤:

1. 分别倒入所有材料,记得看清楚比例哦(开始几次可以用秤称,熟练后就不需要啦);
2. 用小勺子快速搅拌成酱(一定要快哦,以往有学员看着分享视频也没能做成功,就是因为最后搅拌这一步不够给力,没有把油搅拌充分是不会成酱的)。

## 普罗旺斯沙拉酱

材料:

| | |
|---|---|
| 有机山茶油 | 10克 |
| 黄芥末 | 5克 |
| 意大利香脂醋 | 10克 |
| 蜂蜜 | 5克 |

步骤:

1. 将所有材料倒入杯子;
2. 用小勺子快速搅拌成酱。

## 芝麻沙拉汁

材料:

| | |
|---|---|
| 热水 | 35克 |
| 喜马拉雅盐 | 0.5克 |
| 白芝麻酱 | 40克 |

步骤:

1. 将白芝麻酱和盐放入杯子;
2. 用热水稀释黏稠的芝麻酱;
3. 用搅拌机快速搅拌成酱。

## 酸奶酱

材料:

| | |
|---|---|
| 低糖酸奶 | 90克 |
| 有机山茶油 | 5克 |
| 喜马拉雅盐 | 1克 |
| 龙舌兰蜜 | 1克 |

步骤:

1. 将所有材料放进杯子;
2. 用小勺子快速搅拌成酱。

## 彩虹沙拉

食材：

有机蔬菜（生菜、大白菜、羽衣甘蓝、绿豆
芽、彩椒、黄瓜、胡萝卜、豆芽等）
有机水果（菠萝、小番茄、莓果、葡萄等）
有机坚果（生腰果、核桃、碧根果等）
黑胡椒（体寒者可加）

沙拉酱汁：

有机山茶油 2 汤匙、有机香油 1/6 茶匙、有机
酱油 1/2 茶匙、有机龙舌兰蜜 1/2 茶匙、有机
糙米醋 1 茶匙。将以上材料搅拌成均匀液体
即可。

做法：

1. 食材洗干净，生菜切成小段，胡萝卜刨丝，
   小番茄、黄瓜、彩椒切成条状；
2. 将食材一起装入沙拉盘，最后淋上沙拉酱汁。

## 希腊沙拉

食材：

黄瓜　　　1/3 个
番茄　　　1/2 个
黑橄榄　　8~10 颗
薄荷叶　　少许
鲜马苏里拉干奶酪芝士（或豆腐）　100 克
橄榄油　　　1 汤匙
意大利黑醋　2 汤匙

做法：

1. 将黄瓜、番茄、芝士切粒并搅拌；
2. 淋上橄榄油和黑醋；
3. 摆上黑橄榄，撒上薄荷叶碎末即可。

## 紫土豆沙拉

食材：

| | |
|---|---|
| 紫土豆 | 3个 |
| 樱桃萝卜 | 3个 |
| 烟熏豆干 | 50克 |
| 黄芥末酱 | 1勺尖 |
| 意大利黑醋 | 3汤匙 |
| 橄榄油 | 1汤匙 |
| 黑胡椒和牛至叶 | 少许 |
| 新鲜罗勒 | 新鲜摘下3片 |

做法：

1. 将紫土豆、樱桃萝卜洗净后切片，豆干切粒，再将紫土豆煮熟备用；
2. 黄芥末酱、意大利黑醋、橄榄油调酱；
3. 将第1步材料与酱汁拌匀，撒上少许黑胡椒和牛至叶，再点缀上新鲜罗勒即可。

## 胡萝卜沙拉

食材：

| | |
|---|---|
| 胡萝卜 | 200克 |
| 植物奶 | 1汤匙 |
| 苹果醋 | 1汤匙 |
| 橄榄油 | 1汤匙 |
| 海盐 | 1/2汤匙 |
| 小茴香 | 1/2汤匙 |

做法：

1. 将胡萝卜刨丝并另切几片后摆盘；
2. 植物奶用5汤匙温水调开，加入苹果醋、橄榄油、盐、小茴香搅拌成酱汁后淋到胡萝卜丝上即可。

## 金砖白玉绿翡翠

食材：

| | |
|---|---|
| 南瓜 | 200克 |
| 嫩豆腐 | 200克 |
| 花豆角 | 3条 |
| 香油 | 1茶匙 |
| 酱油 | 1茶匙 |
| 花椒粉/麻油 | 少许 |

做法：

1. 南瓜洗净去子备用；
2. 豆腐、南瓜切方块后相叠，与切好的花豆角放入碟中，蒸15分钟；
3. 最后淋上香油、酱油、花椒粉调配的酱汁即可。

## 清心粥

食材：

| | |
|---|---|
| 薏仁 | 1/3杯 |
| 白果 | 5颗 |
| 百合 | 1/2杯 |
| 莲子 | 1/3杯 |
| 桂圆肉 | 5颗 |

做法：

将所有食材洗干净后（选原颗的桂圆肉去核）放入锅里，大火煮开后小火煮40分钟~2小时。

## 凉拌贡菜

食材：

| | |
|---|---|
| 贡菜 | 1束（约30克） |
| 紫菜 | 少许 |
| 姜丝 | 少许 |
| 有机酱油 | 1汤匙 |
| 柠檬汁 | 1/2汤匙 |
| 枫糖浆 | 1汤匙 |

做法：

1.将贡菜洗净，用水煮熟后切段；

2.将所有材料调匀即可。

## 凉拌海茸

食材：

| | |
|---|---|
| 海茸 | 50克 |
| 黑醋 | 3汤匙 |
| 有机酱油 | 1汤匙 |
| 枫糖浆 | 1.5汤匙 |
| 熟黑白芝麻 | 1汤匙 |
| 姜蓉 | 1汤匙 |

做法：

1.海茸泡开后，开水焯1分钟捞起并过冷水；

2.将其他材料（芝麻除外）搅拌后倒入海茸中，
　最后撒上芝麻即可。

### 红薯甜筒

食材：

红薯　2个

盐焗扁桃仁（或你喜欢的坚果）　10克

啤酒酵母　1汤匙

喜马拉雅盐（可选）　少许

做法：

1. 将红薯洗净切块，蒸熟后捣成泥；

2. 坚果切碎，与啤酒酵母以及少许盐（视个人喜好）混合，铺在平盘上备用；

3. 将红薯泥搓成圆锥形放在平盘上滚沾几次即可享用。

### 胡盐冷拌糙米饭

食材：

| 糙米 | 1杯 |
| 水 | 1.5杯 |
| 喜马拉雅盐 | 100克（或海盐50克） |
| 白芝麻 | 100克 |

做法：

1. 将糙米和水混合煮成饭；

2. 盐和白芝麻混合后下锅炒至金黄色，用研磨机打碎后放凉撒在饭上即可。

（用不完的白芝麻粉可用密封罐储存）

## 日式甜酱油糙米饭

食材：

| | |
|---|---|
| 糙米饭 | 1碗 |
| 氨基酸酱油 | 1茶匙（或天然有机酱油1/2茶匙） |
| 龙舌兰蜜 | 1茶匙 |
| 水 | 1汤匙 |
| 芝麻 | 少许 |
| 海带芽 | 少许 |

做法：

1. 将海带芽泡开后与饭拌匀；
2. 将酱油、龙舌兰蜜、水调成汁；
3. 往饭里倒入调好的汁拌匀后，撒上芝麻即可享用。

## 荞麦粥

食材：

| | |
|---|---|
| 荞麦 | 1杯 |
| 水 | 4杯 |

（喜欢稀一点的可以多加点水）

做法：

1. 荞麦洗净后倒进锅里，加入水；
2. 大火煮开后小火煮30分钟；
3. 享用时可撒上胡盐或与腌制品搭配。

### 凉拌荞麦面

食材：

| | |
|---|---|
| 荞麦面 | 50克 |
| 海带芽 | 少许 |
| 水 | 250毫升 |
| 氨基酸酱油 | 1茶匙 |
| 龙舌兰蜜 | 1/2汤匙 |
| 芝麻油 | 1茶匙 |
| 亚麻籽油 | 1茶匙 |

做法：

1. 将荞麦面用温水泡3小时以上；
2. 海带芽热水泡2分钟；
3. 将所有调味料调成酱汁后，与荞麦面、海带芽拌匀即可享用。

### 味噌汤

食材（2人分量）：

| | |
|---|---|
| 黄豆芽 | 10克 |
| 海带芽 | 5克 |
| 豆腐 | 2块/200克 |
| 味噌 | 1汤匙 |
| 水 | 600毫升 |

做法：

1. 豆腐切小方块备用；
2. 味噌以少许开水调匀备用；
3. 锅里加水煮沸，放入豆腐、黄豆芽、海带芽煮开，再倒入味噌汁即可。

### 桂圆小米粥

食材：

| | |
|---|---|
| 小米 | 1/2杯 |
| 桂圆 | 6颗（选购带壳的原颗桂圆） |
| 水 | 800毫升 |

做法：

1.小米洗净，原颗桂圆取出肉；

2.将小米、桂圆肉放入锅中，加水，大火煮开后，再小火煮40分钟即可。

## 日常食谱

### 老姜温补汤

食材：

| | |
|---|---|
| 红薯 | 1个（约250克） |
| 白果 | 5颗 |
| 百合 | 1/2杯 |
| 枸杞 | 1/3杯 |
| 红枣 | 3颗 |
| 老姜 | 3片 |
| 水 | 800毫升 |

做法：

1.红薯切块，白果剥壳，红枣去核；

2.将红薯、白果、老姜、红枣、百合放入锅中，加上800毫升水，中火煮半小时；

3.加入枸杞焖煮10分钟后起锅享用。

## 水果冻

食材：

| | |
|---|---|
| 樱桃 | 5颗 |
| 杧果 | 半个（选择当季水果） |
| 寒天 | 1茶匙 |
| 赤砂糖 | 1汤匙 |
| 水 | 2杯 |

做法：

1. 所有水果切丁；
2. 将寒天用少许冷水调开；
3. 锅里加2杯水煮沸，放入寒天液，加入糖搅拌，待稍凉后加上水果丁，放凉，置于冰箱冷藏。

## 喜悦三兄弟

食材：

| | |
|---|---|
| 三色彩椒 | 各一半 |
| 红/绿辣椒 | 1/2个 |
| 手工豆腐皮 | 1片 |
| 海带芽 | 少许 |
| 糙米醋 | 1/3茶匙 |
| 素沙茶酱 | 1茶匙 |
| 香油 | 1/2茶匙 |
| 柠檬 | 1/2个 |

做法：

1. 三色彩椒洗净各切一半；
2. 辣椒切细丝，海带芽加凉白开泡开，豆腐皮过热水切丝；
3. 柠檬榨汁，与调味料和匀；
4. 将辣椒丝、海带芽、豆腐丝放入三色彩椒中，蘸着调味料吃即可。

（如果是日常享用，可再添加1/3茶匙有机酱油，复食阶段则不加）

## 原味全麦面包

食材：

全麦粉　350克

酵母　　2.5克

水　　　200克

做法：

1. 将全麦粉倒入碗中，撒上酵母搅拌均匀；
2. 往粉中加入水，搓成面团后室温发酵1小时；
3. 取出面团，手揉排气后继续发酵40分钟；
4. 烤箱预热后230摄氏度烤10分钟后，转180摄氏度烤30分钟；
5. 放凉后切开，即可享用。

## 更多风格的沙拉

# 案例分享：轻断食让我重获健康活力

## 护士不用西药战胜皮肤过敏和甲状腺结节

作者：小怡子　年龄：30　职业：护士

Hello，大家好，我是小怡子，一名护士。相信很多同学已经或多或少地听过我啦——没错，我就是因为参加了Lulu老师很多很多次的轻断食课程后，改善了皮肤过敏和甲状腺结节的小怡子。

与Lulu老师的相识起源于2014年的沪江网。因2013年体内太湿，加上用了可能不太好的护肤品，作息不规律，喜欢辛辣刺激的食物，我患了皮肤过敏。

过敏后，我一直在不停地寻找解决办法，尝试过西医的吃西药、擦激素类药膏，中医的放血治疗和吃中药，但断断续续持续了一年没有任何好转，一直反反复复。大概是我的诚心感动了天地，在沪江网上找公开课的时候，发现了Lulu老师的有关皮肤护理的公开课，于是就点进去听了好几节，听完课真是感觉自己找到了一条明路。在课上，我第一次听说了"断食"这个说法，也第一次听说了"精力汤"。在课后，我自己尝试喝了几次精力汤，一下子就觉得整个身体都很舒服，虽然皮肤还在过敏，但是能感觉到不肿也不痒了，于是就加了Lulu老师的微信，看到了她的朋友圈。

观察了一段时间后，Lulu老师在朋友圈发布了轻断食课程的公告，我第一时间就去和老师私聊说要上课，但是我还是慢了一步，五个名额已经满了，于是就每天缠着老师说我真的真的超级想上课，可不可以加一个名额。大概是缠得久了，Lulu老师对我有了印象，在有一位同学需要转让名额的时候，老师第一个就想到了我。

上课时一定要认真听讲，每次听讲都能学习到不同的知识，对轻断食有进一步的理解。第一次上课的时候就可以很明显地感受到皮肤在好转，课后就已经看不到什么过敏的影子了。可能是因为过敏时间太长，身体毒素太多，还是会有一些反复，但是已经比2013年的时候好太多太多了。然后就参加了复训。几期下来，皮肤就基本上巩固在过敏前的那种状态了。

2017年，我去医院做检查，查出甲状腺左侧叶下级可见7mm×4mm低回声结节，判定为甲状腺左侧叶实质性结节。经过多次轻断食的实践，2018年复诊检查时，甲状腺已显示无结节。

现在，我每天都要做运动，瑜伽、健身、游泳换着来；每天都喝一杯精力汤，有时早上有时晚上；每天都按时休息，睡眠是真的非常非常重要；每周都会抽时间出来泡澡、艾灸。

经过这些年的实践，我现在身体已经比之前好了很多很多，抵抗力也强大了很多。虽然偶尔可能是用到了不合适的护肤品还是会过敏，但是一般两三天就会自己消退，也很少生病。有点感冒迹象的话，泡两天澡就能好。

真心感谢我能遇见Lulu老师，遇见更加健康、美好、精致的生活。

## 成功怀孕，产后轻松修复

作者：马立　年龄：31岁　职业：数据开发工程师

因为准备要宝宝，所以开始探索调理身体之道，历经了诸多坎坷（这里就不想多说了，大概就像大冬天要赤脚从广州步行到北京那样的艰难）。幸好，我应该是一个好人，平时也是一个很善良的人，也乐于助人，所以上天眷顾我，让我在正准备要放弃的时候接触到 Lulu 老师。前面的长征终于结束了，黑暗的人生透出曙光，在探索之路上我已经不迷惑了，自此踏上了一辈子不会放弃的心乐厨房生活方式之路。

开始轻断食后，我只是坚持每天吃一次 Lulu 老师研发的代餐，体重已奇迹般地轻了 10 公斤，皮肤也好了很多，大家都说有光泽了！之前都是几个月来一次的月经也规律了，现在一个月一次了，虽然不是准确到具体某一天，但是相比之前已经很正常了。

经过 Lulu 老师的轻断食及食疗调理，没想到我真的怀孕了！我们一家人都乐坏了！而且我整个孕期根本没有任何不适，分娩是极其顺利的自然分娩。宝宝诞生后，我继续用心乐厨房的理念来调理身体，将轻断食与食疗结合在一起。产后体重长了将近 15 公斤，但是我一点都不害怕，因为我已经掌握了胖瘦自如的秘诀。所以在宝宝 10 个月的时候，我又开始轻断食，期间一直喂奶，一点也没影响奶水量。宝宝 11 个月时，我做了 7 天轻断食瘦了 3.5 公斤，12 个月时又做了 7 天轻断食再瘦了 2.5 公斤，紧接着挑战 21 天轻断食，从 61.5 公斤减至 53.5 公斤，腰围从 98 厘米降到 80 厘米，指甲月牙从 6 个变为 10 个，舌苔从开始的又白又厚变成现在的特别红润及光滑，黝黑的脸部皮肤也变白有光泽了。轻断食期间吃 Lulu 研发的代餐，喝低温人参粉和 $H_3O_2$ 活水，大冬天身边朋友都感冒了，我也没有受影响。

通过在心乐厨房的学习，我之前的过敏性咳嗽也彻底根除了，之前的关节炎也减轻了很多。随着体重的下降、脸上气色的提升，我整个人从内到外散发出一种说不出的自信，别人都很好奇究竟我做了什么可以有如此大的变化。我觉得这必须归功于 Lulu 老师的健康理念，她的理念有别于坊间那些泛泛的减肥代餐和减肥法。她的教学不仅贯穿中西及自然医学，更有很多深入浅出的心理辅导练习，让人在不知不觉中改变与提升！另外还有一些针对性的理疗瑜伽练习及音乐疗法练习。所有的这些，让她的教学如拂面春风，无孔不入。在外面看起来，好像她只是要我们在特定的时间内改变饮食、做一些她要求的身体练习、听她选择或亲自录制的音频，如此简简单单，而我像个傻瓜一样地紧跟着脚步，就有了天翻地覆的改变，我觉得真的很莫名其妙！这样的一种饮食及生活方式让我整个人获得了从来没有想象过的魅力。

感谢Lulu老师和心乐厨房团队！

## 彻底告别妇科问题

作者：艺闻 Sammia　年龄：36 岁　职业：音乐疗愈师、二级心理咨询师

我是一位有三个儿子的妈妈，也是长辈眼里的"后妈"！孩子生了病，不吃药不打针，用自然疗法；孩子 3 岁前全素；活出自己的同时陪伴孩了。但是，生了三个娃，又母乳 1 年多；没有好好照顾自己，体质变得很差，基本每个月都会感冒、头疼。虽然那时候已经知道 Lulu 老师的空中断食课，可是也没有足够动力来参与。

直到 2016 年 3 月，我的月经来了 1 天就结束了。出现过几次这样的情况后，我去医院检查，发现宫颈柱状上皮移位（即"宫颈糜烂"）重度，医生要求动手术。宫颈还有个指标也不正常，又去做活检。看着自己的身体这样被折腾，我下定决心要好好爱护它，绝对不动手术，用自然疗法去疗愈，于是就这样踏上了这辈子都离不开的一种生活方式——轻断食。

如果不是情况紧急，我也不会在去马来西亚旅行的日子开始我的第一次轻断食。人啊，也只有在困境时才会激发出自己潜在的意志力。按照 Lulu 老师的断食方法做，那几天我体验到了皮肤前所未有的光滑细嫩。第一次由于没经验，跑去浮潜，玩累了，一下子觉得特别虚，立马喝一杯低温人参粉，元气满满！饿的时

候再喝一杯人参粉！到后面已经习惯了那种饿，不再想去找吃的，而是知道这只是身体与我沟通的信息，也不会有难受的感觉。那一次轻断食的效果就是我感觉宫颈问题没之前那么严重了，没再出血。最重要的是自己的状态变得非常好，身体轻盈，内心愉悦，充满正能量，感觉全世界都是阳光。于是我爱上了轻断食。

之后继续跟随Lulu老师的入门和进阶课程，一年也复训一次，和大家一块断食。轻断食配合中医理疗，我的妇科问题已经完全解决了！

断食对孩子们的影响也很大，他们经常闹着要和我一块轻断食。因为每次轻断食前后我都会做养眼好吃的高能量美食给他们吃。现在他们一生病，就会主动说今天我不吃饭，请给我打果汁，也不用麻烦东跑西跑去看病、推拿，都在家自己搞定，而且抵抗力越来越强大，恢复很快。

谢谢Lulu老师带给我们这么棒的一种生活方式，让生活回归简单又充满温暖。

## 告别过敏、骨刺和哮喘！

作者：华辰　年龄：31岁　职业：客户经理

我一直觉得，认识Lulu老师，是在我生命中最需要帮助的时刻宇宙送来的一个礼物，并且值得我一辈子去学习、珍藏和分享。

我在幼年时因为生病有过长期服用药物的经历，导致成年后身体比正常同龄人要虚弱些。2012年的时候，因为常年加班外加压力、情绪的影响，我突然得了过敏性皮肤病。原本没有任何过敏问题的我，一夜之间对几十种物质同时产生过敏反应。刚开始依靠西医的抗过敏药物缓解，也尝试过中医的调理，但始终没有得到根治，并且每次发作后恢复的时间越来越久，病发时的症状也越来越严重，甚至因为面部皮肤大面积溃烂，完全没有办法继续工作和外出，睡眠情况也极其糟糕。

就在这时，因为朋友的推荐，有幸结识了Lulu老师和她的大姐。听了大姐的一次身体体质分享，才得知我的过敏体质已经是所有体质中最差的情况，再如此下去，身体的免疫系统就会完全崩溃，继而引发其他更严重的疾病。当天大姐也给我把了脉，看了下我全身的体征，出乎意料的是大姐说我的问题并不严重，只是之前的医生都没有看懂我的身体到底发生了什么问题导致了过敏。在大姐一番简洁清晰的说明后，我才明白自己当时身体状况的根节点。更神奇的是，大姐就给我开了祛寒茶和祛热茶两个茶包，喝了一周，我的过敏就全消失了，并且至今已经6年了，再也没有复发过。于是我忽然对"人的身体和健康"产生了极大的好奇，隐隐约约感觉到身体和疾病之间的关系远没有我们想的那样简单，也没有那么可怕，只是大部分时候因为不注意饮食和作息，又缺乏必要的医学常识，导致一病就急得乱投医，也完全不知道自己应该做些什么去帮助身体恢复健康。

过敏症状缓解后，我开始跟着Lulu老师学习简单的轻断食方法，了解悦性饮食的概念，也对瑜伽这项运动产生了好感。有段时间，我每天都去Lulu老师家报到，从清晨的第一杯柠檬水，到睡前的瑜伽练习，全程体验了她每天精彩、愉悦而又健康的生活。而Lulu老师的热情也极大地感染了我，她用完全不同的生活方式和状态让我明白人生是如此的自由美好。

这之后，我母亲（56岁）也有机会体验了下Lulu老师的悦性饮食以及大姐的中医功力。我母亲的右膝盖一直有风湿性关节炎，有一段时间逐渐加重到肉眼可见的走路不平衡，右膝盖无法伸直。刚开始，我母亲一直在上海一家医院的专家门诊就医，拍了片子，诊断为骨刺，然后一直服用医生开的消炎药物。没过多久，右膝盖的症状不但没有缓解，反而越来越严重。一直到她的右腿已经明显萎缩，左右腿不对称，走路跛脚歪斜后，我劝她尝试找Lulu老师和大姐寻求方法。大姐看完我妈妈的情况，一针见血地指出了我妈妈的病症症结——就是由于我母亲平日饮食中米饭类的精粮比例太高，又缺乏运动，脾胃虚寒，导致已经有初级的糖尿病症，血管缺少必需的营养物质，骨头只能向外生长探求营养，于是形成了骨刺。大姐帮我妈把膝关节的瘀血去除后，建议我母亲每天清晨空腹喝一杯糙米醋兑水，短期内戒白米饭，改吃糙米，每天做一项有助于增加气血的小运动，再配以一些简单的中成药。就这样一些小小的改变，两个月后我母亲的右膝盖完全恢复了正常。因为去除了脾虚水肿，人也精瘦了。至今我母亲都还一直保持着定期吃些粗粮的习惯。

在2018年底，我又一次突发过敏性急性哮喘，去医院后临时配了吸入类的皮质醇药物，每天早晚都必须用一次药把哮喘压下去。但是已经有过敏经验的我隐隐约约感觉到"一定不能依靠药物，不然以后会有更大的问题"，立马报了Lulu老师的中级断食课程，为期21天。也许是之前已经有过断食经验的关系，这一次断食极其顺畅，减食期认真配合，早起运动、餐饮、人参粉一个不落，到减食期的第7天就感觉到浑身轻松，每天6点起床都很精神，肚子没有过多食物残留，就不会影响大脑供血，人也不觉得沉重犯困。一直到正式断食第一天晚上，遇到了最严重的一次排毒反应，尤其是头部胀痛难忍，恶心想吐。晚上泡了脚，血液循环顺畅后稍微缓解了一下。课程主任木雀跟我说这是身体最有问题的地方在显示信号，也许是颈椎有问题影响了脑部供血循环。正巧在看Lulu老师推荐的书《奇特的断食疗法》，书中提到许多过敏症状都和交感神经有关，而交感神经就在脊柱第三节和第四节的位置，正好在颈椎处。于是我才大悟，原来如此！并且书中也有一个案例与我极其相似，哮喘问题依靠皮质醇吸入药长达10年后，原来1个月的药量2天就用完，并且已经没有其他任何药物可以继续缓解病症，最后通过2年坚持断食，把哮喘问题根治了。而我在21天断食结束后，哮喘发作次数逐渐减少，断食后半年内几乎都没有再发作过。看完后我内心庆幸不已，还好在哮喘刚发时就把问题根治了，远比这位用药10年的病友轻松快速。之后就一直坚持每周轻断食一天，每天早上做半日断，形成习惯后体重持续不断下降（并没有刻意节食减肥），并且也很难再忍受过于肥腻的饮食。肠胃消化也比以前快，没有了胃胀气，没有了便秘，没有了睡眠问题，身体就好像进入了一个新的状态和循环，也不需要刻意去逼迫自己维持，一切都好像自然而然的样子。

学习了悦性饮食和断食方法后，我最大的感受是，每天都努力一点点，通过不断的积累和练习，可以让身体和状态产生巨大的变化。你终究可以成为你想要的样子，你可以远比你想象的要更美好！感谢轻断食为我和妈妈带来新生活。

## 比遇到爱更幸福的是遇到"你"，再见三高！

作者：利亚　年龄：49 岁　职业：驾驶员

我身高 168 厘米，体重 66 公斤左右，身材整体匀称的我却一直被胆固醇指标深深困扰。有人在十字口收获了财富，有人在转角处邂逅了爱情，而我则在中年之时遇见了轻断食，让我重焕活力，遇到了一个更好的自己。

5 月 24 日，单位依据惯例组织大家体检，我的胆固醇指标从开始的 5.3 到后来的 5.8、6.32，三年稳步发展，持续攀升，无论吃任何药都不见功效，顽固得很！听老同学介绍，Lulu 老师研发的袋鼠王代餐帮不少用户实现了稳定三高的梦想，再加上眼前活生生的实例，我当即决定试试看！ 6 月 27 日，是我尝试袋鼠王代餐的第一天。前一天体重还是 66 公斤，短短一天过后，秤上的数值便成了 64.5 公斤，实在是太惊人了！因为我不是没吃，而是吃了一碗五颜六色的美味！

首日尝试袋鼠王轻断食，我足足瘦了 1.5 公斤！老伴儿担心食物里有损害健康的减肥药，便一再劝阻。心里有些犯嘀咕的我询问专业的老师后才明白，袋鼠王轻断食中所包含的食材都是有机纯素的悦性食物，对人体没有任何副作用，可以放心吃，大胆吃。然而，当体重到了 62.5 公斤的时候，想单纯依靠吃袋鼠王代餐的我遇到了瓶颈。

此时，我突然得知"袋鼠王轻断食七天计划"的消息，简单咨询过后，便为自己定下"轻断食七天"的首个目标——减掉 2.5 公斤！轻断食初期，我主要用温开水充饥。8 月 4 日，一家人去爬山，由于担心体力不支，早餐自己特意加了一个煮鸡蛋。爬山过程中，一路走走停停，自己先后吃掉一个桃子和一个西红柿，其余时间，饿了就喝温开水。晚上回家后，虽然没有饥饿感，但为了保证身体营养，还是吃了半袋田园口味代餐。第二天一早，称重60.4公斤。接下来的几天，体重一直在60.4公斤上下徘徊。8月13日晚，原以为晚餐吃了水煮菜的我第二天体重会增长，但出乎意料的是，早上上秤，59.9公斤！体重秤上的数值给了我实现目标的信心和动力，让我有理由继续坚持下去。

自轻断食以来，老伴儿便总是说我气色不错，没有变得面黄肌瘦，对轻断食的态度也不再像起初那么抵触了。轻断食后，我每晚的睡眠质量提高了，手上的扁平疣也好了很多，只剩下一些浅浅的痕迹。突然间，我觉得轻断食仿佛有种神奇魔法，可以将一个人由内而外地彻底改造！

3个月后去医院验血，结果依旧让我惊喜万分！

胆固醇从6.27降到3.94！

血脂从1.11降到0.77！

身体指标都变得正常了。而这一切，都归功于轻断食！

代餐中的颗颗食材，都是可以看得到的放心。低糖低盐低脂的有机食物，调节身体的同时，也重塑了心态。自己亲身试用后，我决定让周围的人也开始尝试袋鼠王轻断食。轻断食第三天，我说服孩子和我一起吃代餐。

儿子原来115公斤的彪悍体重竟惊人地降至107.7公斤！收获奇效，我便动员他开始轻断食七天，他一口答应，现在已经成功减重10公斤。现在我开始说服老妈尝试袋鼠王代餐，调整体内脂肪。

49岁的我决定继续信任轻断食，在不远的将来，遇见一个更美的自己！

## 一位76岁老太太的逆龄传奇

*作者：张祥 年龄：76岁 职业：退休前任幼儿园园长*

世间纷繁，总是有无限惊喜等待发现。

古稀之年踏上减肥之路，并最终成功，在大多数人看来是难以置信的。然而，76岁的我却做到了。与许多人一样，在轻断食之前，我也有不少顾虑：轻断食期间营养是否可以保证？轻断食是年轻人减肥的手段吗？自己这么大年纪还可以轻断食吗？自己之前做过三次大手术，是否可以轻断食呢？我2002年做了股骨颈手术，2011年做了肾癌手术，2014年做了子宫内膜癌手术。股骨颈手术术后，医生考虑我年岁已高，没有取出手术所需的三根钢钉。因为大腿根部的三根钢钉，我没有办法做运动，因此给减重计划带来很大的困扰。轻断食前，因为体重超重的影响，我上下楼梯比较困难，需要借助楼梯扶手才可以缓慢上下楼梯，更别提去做些运动了。

除了三次大型手术和肥胖外，我还有其他小状况：胃酸多、爱上火……各种小问题和三次大手术，着实影响着我的日常生活，也让孩子们操了不少心。为了改变自己亚健康的状态，越活越精彩，也为了不再让子女分心，我选择了改变！而这一切，都奇迹般地发生在与Lulu老师研发的轻断食代餐相遇之后。

经过三次轻断食，我的精神状态和健康指标都是一路绿灯，越来越好！身体也变得更加轻盈，上下楼、散步都变得轻松了！而最初与袋鼠王轻断食结缘，应归功于自己重视健康的女儿。作为袋鼠王轻断食的受益者，通过袋鼠王，女儿在饮食习惯上与之前相比确实改善了很多。在轻断食理念的不断渗透下，也为了不让自己的儿女分心，常年身体欠佳的我决定抱着试一试的态度，迈出第一步。

2018年1月12日，我开始第一次尝试14天轻断食。轻断食初期，身体会有些许饥饿感，在女儿的指导下，饿的时候就按照轻断食法添加适量蔬果进行缓解。14天飞快，眨眼间就过去了：从1月12日过渡，到1月23日正式开始，再到2月5号完美出关。第一阶段，自己成功减重5.5公斤，其中从1月30日到计划结束的一周内，脂肪足足减少了2.7公斤！期间，我的饮食习惯也获得了巨大改变，健康的减重方式让自己看到了通往健康之路的曙光。

第一次轻断食后，自己的体重一直保持在74公斤左右。瘦了5.5公斤的自己从此喜欢上身体轻盈、精力充沛的感觉，心里暗想：如果再做一次14天轻断食计划，身体的状态会不会更好？于是，两个月后，在体重稳定的情况下，4月4日，我开始了第二次尝试。4月4日到17日，从73.45公斤到69.5公斤。第二次轻断食计划，自己成功减重3.95公斤。

加上第一次的成果，在两次袋鼠王14天轻断食计划的助力下，自己共减重9.45公斤，体脂率从43.9降到36.8，内脏脂肪从17到15，大大改善了身体的亚健康状态。第二次尝试后，实实在在的改变让我对袋鼠王轻断食的效果坚信不疑！Lulu老师研发的代餐让我摆脱了药物和保健品，自此告别了臃肿的身材、浮肿的脸盘和黯淡的肤色。

重要的是，袋鼠王带我重新认识了食物的属性，我开始选择摄入更多的悦性食物，并通过轻断食来排除体内积压的坏情绪。两次轻断食后，我不再像以前一样易怒，更多的是感到心情愉悦。我的身体和味觉也有了一些改变，我开始更愿意吃那些天然的清淡的食物，也学会了适量和有节制。袋鼠王就这样不知不觉重塑了我的饮食习惯和情绪状态，我感到十分惊喜。

趁着良好的身体状态，7月4日，我开始了第三次轻断食之旅。此次轻断食，以调理为主，减重为辅。17日，第三次轻断食结束，身体状态与最初相比有了质的飞跃。胃变好了，原来为降血脂泡山楂水，喝完就吐酸水，现在喝，一点问题都没有。血脂、胆固醇指标回归正常，也摆脱了口腔溃疡的老毛病。三次轻断食后，我终于明白了轻断食神奇自愈力的奥秘，切身感受到了越活越年轻的"老来俏"！

三次轻断食，我从78.95公斤到67.3公斤，共减重11.65公斤，体脂率从43.9到27.8，内脏脂肪从17到14，身体上一点一滴的变化都被自己用笔纸全程记录下来。在无法进行运动的情况下我成功减重，可见，在很大程度上，减重是由轻断食这项单一因素导致的。

在三次轻断食后，我按照女儿的指导严格复食，不仅体重保持得很好，各项健康指标依然在不断优化。减重成功之后，在别人口中，自己完全不像76岁的老人，精神面貌从此焕然一新。所有很久没有见到我的人都说我变化太大了，不仅瘦了，精神也变好了。

更令我开心的是：减重后不仅皮肤没有松弛，肤色也比从前好了很多！

自己也愿意把蜕变的诀窍分享给身边的老朋友、老邻居，让更多人从中受益。女儿看到我的改变很欣喜也很感动："妈妈做轻断食首先是对我的信任，另一个是饱受磨难的老人家想通过一个可行的方法改善自己的健康问题，通过三次轻断食她做到了。妈妈之前对轻断食有很多顾虑，以为只有减肥的作用，但经过三次轻断食，她发现轻断食在帮助减重的同时，也解决了她身体的很多健康问题：血脂、体脂、胆固醇指标回归正常，胃病、口腔溃疡、上火、严重的便秘都改善了。"

袋鼠王轻断食，从根本上改变了我原有的生活方式，让我重新做回健康的自己！生活百味，苦乐交织，决定下一块巧克力口味的，永远只有自己。

希望你，也有合适的时机偶遇袋鼠王，爱上轻断食，找到属于你的生活小惊喜。

## 所有孕妈都期待的轻松孕育真故事！

作者：李丽洁（Miumiu Li） 年龄：36 岁 职业：职业软装设计师、瑜伽老师

我在孕期接触过 Lulu 老师的微信课程，拜读过课程推荐的关于孕产的书籍和文章，十分开心地想以实践证明孕期可以通过做减法的饮食方式达到养胎和顺产之目的。在怀孕8个月的时候，以素食为主配合汤水、体重已经达到最高值的我，决定绕过家人，以上班带饭为由开始了10天的轻断食，目的是让我从现在到预产期体重不再增加。如果可以再轻4公斤，以我的身高、骨盆大小一定可以顺产。

前三天，往日进食碳水化合物习惯的改变让我感觉饥饿难忍，特别是对甜食

的欲望到了极点。初级课程的代餐让每一顿饭都变得无比幸福和珍贵。每增加一个加餐的苹果都要考虑清楚。微热的肝胆区暖宝宝缓解了饿得着急的感觉。转移注意力的音乐分享和同学互动让轻断食的过程变得不那么艰难。人参粉的功效也体现出来了，进食减少仍然可以正常排便的感觉真好。每日拍照记录着自己的蜕变，皮肤变得光洁、细腻、柔滑。到了第四天，渐渐习惯了这样的饮食，感觉时间很快地过去。这一次快速地完成10天打卡，挑战成功让人信心倍增，也达到了最初的目的。

产后恢复健康的问题是最关键的。产后因为长期睡眠不足，母乳伤气血，独立做饭看孩子休息时间不够，导致自己的健康出现了严重问题。抱怨解决不了问题，也没有谁能帮助我去承担、去适应这种每顿饭都没时间做、没时间吃的状况。参加中级班液体断食可以一台料理机和有机食材解决所有家人吃饭的问题。

液断的学员大部分都很从容平静。每天带孩子和做家务，让我不吃沙拉很难受，特别依赖温热食物的安慰。我还是选择全程按照菜谱自制液体餐。没有太多胃液分泌的情况下吃糊状饮食也没有想象中的那么艰难。但间歇太久没有断食，身体还是会出现头三天很难熬的饥饿感，疲劳感却荡然无存。气虚导致的便秘问题，需要人参粉来调节。失眠也是非常痛苦的。身体透支太厉害，恐怕要经过多次的练习才能让那个健康的我重新回来。

通过轻断食，我最大的收获就是认识到自己身体的局限性并耐心地去调整，精神上变得更加独立自信从容。自己生理上的变化、心理上的变化、家庭关系的变化、工作上的变化都在同一时间发生。以不变的耐心和信心每天重复一样的事情才是真正的成长。从量变到质变的过程就是适应、改变、调整、进化的过程。成为自己心中的那个女孩，去爱，去给予，去学习，去成长，而断食提供给我道路。

## 再见睡神！更告别暴躁的自己！

作者：杜文会　年龄：28岁　职业：瑜伽老师

多年来，因备受饮食障碍ED（情绪化进食+暴饮暴食）的困扰，我一直寻求解决之道。

2015—2016年，通过公众号"素食星球"的一篇文章结识了心乐厨房的Lulu老师。对其理念的认同，加之被其所呈现的状态吸引，我开始了心乐学习之旅。2016年初次轻断食课程，一个崭新的饮食观和生活方式给予我很大的启发和改善，于是将其慢慢融入生活中，每天照顾好自己的食物、身体、内在、作息，饮食遵循全食、悦性、生食、有机+素食、少食、轻断食等原则。

我的变化是：精力上，从公认的"睡神"变得每天神采奕奕；情绪上，从"浑身带刺"的"肝火旺"（暴躁+喜怒无常）变得越来越平和，与朋友家人越来越融洽；身形也从一个"壮汉"转变为一个温柔的姑娘。2017年进阶轻断食（液体断食）之后，因为很多能量练习、声波疗法以及正念、断念的学习，我开始能够控制自己的精力和情绪，对自己和周围发生的事也有了更深入的认知，越来越随和、融通、富足、喜悦。

现在，我常常莫名地被周围人羡慕："为何如此开心充满正能量？"心乐的断食课程就像一个自我探索之旅，以饮食切入，逐层深入，让你不断去发现自己的真相，然后去完成自己的圆满富足。如同瑜伽，不仅指引方向，还教授你方法。

## 戒掉咖啡瘾·免除经期困扰·大妈变少女实录

作者：卓玛　年龄：50岁　职业：退休

我是一个非常资深的吃货，所以深受美食的诱惑到处去吃，结交的朋友也都属于"物以类聚"。我在不经意中听到:"Lulu老师研发的健康蛋糕吃了不会胖!"于是马上上门探店,寻找真相。因为一个美味又吃不胖的蛋糕,我与心乐厨房结下了深深的缘,慢慢地被心乐厨房的健康饮食理念深深吸引。现在社会上流行的养生方式很多,大部分风格比较死板和教条,相比之下,心乐厨房更新潮和灵活。虽然我是个大妈,但也希望自己是一个追赶上潮流的大妈,于是我慢慢地登上了这艘航母,紧跟着心乐厨房的脚步看看会有什么变化。

曾经的我每天必喝一杯到两杯咖啡,像瘾君子一样,一天不喝就像少做了一件事。但是我真的没想到参加了课程之后,因为看到其他学员的变化,希望自己也能得到改变,于是就开始了为期14天的不一样的体验,除了外在的体态有了巨大变化以外,我的咖啡瘾竟然自动和我分手了!没有任何的痛苦。我在轻断食期间不喝咖啡比喝了更精神。

课程比我想象的要简单很多:吃着、喝着规定的饮食,作息规律,轻微的饥饿和困倦感偶尔来袭,但是并没有其他不舒服,比如胃疼、胃胀气、失眠或者精神亢奋等。14天的旅途说长不长,说短也不短,却让我切身感受到了从内而外的身体大清洗。家里人首先看到的是我皮肤白了、干净了,身材苗条了,而我自己感觉轻盈了、舒心了。

咖啡,就在这次旅途中慢慢地离开了我的生活,就是见到闻到也没有那种迫切想喝的渴望,它不再是生活中的必备品。课程中学习到的健康饮食知识在我的大脑记忆中形成了一道保护墙,会去辨别食物了。虽然跟社会上大多数人的理念相悖,但是身体的自我感知是最理性的,它会告诉我吃什么舒服、吃什么不舒服。不能嘴馋,要经得起外面的美食诱惑。

在这次旅途中,经期不顺畅的困扰也解除了,原本在经期中需要服用保健药物,现在也不需要了,省下了很多费用。意外的收获就是身边的人都说我竟然从一个身材肥胖的大妈变成了一个身材苗条的少女!

## 告别过敏性皮肤，重拾魅力！

作者：禾子　年龄：43岁　职业：珠宝设计师

　　2018年底，在上海虹桥的一个西餐厅，第一次见到Lulu，我们像熟悉的老朋友一样拥抱。四年了，我是跟随Lulu老师的成千上万人中的一个，然而第一次面对面坐下来聊天，似乎所有的事情都顺理成章，见面的时间不晚不早！

　　一落座，一起聚会的小伙伴迫不及待地开始了各自的分享，有的走出了抑郁，有的告别了肥胖，有的准备迎接宝宝，也有的因为自己的经历成了专业的健康咨询师。如果这个时候有不了解的人从旁边走过，一定觉得这些人讲话时那种眉飞色舞的样子，有点不正常！

　　什么是轻断食？怎么做轻断食？轻断食能带来什么好处？说说我自己的体会吧！

　　大概七八年或者十年前（我已经记不清楚了，时间不重要），因为晒伤而变得异常敏感的脸，给我带来很多的不开心！我从小特别臭美，二十出头就开始做美容，然而我的脸竟然成了过敏脸。敏感到什么程度？随时会发红！红得比腮红还红！涂护肤品不行，越高级越不行，空气太冷不行，太热更不行！最夸张的记忆是，一个夏天的中午，我打着伞在北京过个马路的工夫，脸就开始发热，热得有点疼，我赶紧找了个阴凉处，拿手机一看，我的脸蛋已红得微微肿起来！我当时知道需要降温，打个车就奔医院了。医生很耐心地告诉我这是日光性皮炎，要忌口，物理防晒，涂医院的一种药膏（没有激素的）。

　　我听话地涂了满脸，脸真的不疼了。但是药膏的味道是臭的，虽然不是特别臭，但是绝对不是郁美净那种甜蜜的味道。我当时觉得心情特别不好，我可不想以后的每一天，都顶着满脸的臭药膏！

　　之后，我就和我这脸开始了持久战，只要我觉得好的方法，都愿意尝试，试过28天不洗脸，涂过鲜芦荟，打过脱敏针，用过特别调制的中药粉，请学芳疗的朋友帮我订制面霜。还好，这么折腾，脸确实一年比一年好些了。可是春天去了趟苏杭，吃了顿河鲜，就又过敏了，脸上起了好多小水泡。当时的感觉，真是喜忧参半：喜的是河鲜都吃肚子里了，忧的是以后怎么办。

怎么认识Lulu的？还是互联网。有朋友参加心灵疗愈课程，我有时间也去听听，既然脸蛋不好了就修炼修炼内在吧。记得当时看到朋友转发的Lulu轻断食的课程，宣传的都是身体净化方面的内容，其中对过敏有治疗作用而且很安全吸引了我。我什么都试过了，绝对不会怕这种少吃点东西就可以治疗的方法！

果断报了初级的课程，严格地按照课程要求一步步做。当时课程是7天，到第3天，我已经饿得不想说话了，但第4天就不觉得饿了。我早上照镜子，惊奇地发现我的脸不那么红了。简直不敢相信，只是吃代餐，而且量很少，折磨我那么多年的脸居然就不那么红了！我欣喜若狂地结束了课程，也顺便减掉了3.5公斤的重量，然后就把Lulu老师抛在脑后了！

接下来，我继续回到以前的生活，减掉的3.5公斤很快就回来了。无所谓，因为我知道了可以减肥、可以使皮肤变好的方法，我觉得可以掌握自己的命运了，不需要老师了！就这样，我还开始在微店上卖代餐产品，但是这样几年下来，我身边认识的朋友只有不超过十个人尝试过这个轻断食。看来，我没有Lulu老师的魔力。带着一种崇拜和好奇，我在参加完初级轻断食营结束后的第3年才参加了中级，然后参加了一直害怕的肝胆排毒营，然后，见到了Lulu。

轻断食断的不仅仅是食物，还有我们身体和心理的垃圾与负担。在普通人的世界，这些负担永远卸不干净，所以，更需要定期清理。

现在，2019年了，距离第一次轻断食已经将近4年了，我差不多每隔3个月做一次轻断食，有时候做7天，有时候做14天。轻断食，不是断食，而是一日三餐，每餐都吃营养均衡含有五谷杂粮的代餐，一顿大概50克，同时喝补气的人参粉，还要配合适当的锻炼。吃得少，身体感觉特别轻快。轻断食改善了我的皮肤，改善了我的性格，同时让我更有信心去面对生活。

我现在是自由职业，建立了自己的珠宝品牌，也是一个自我品牌优化的顾问！我终于又有信心靠脸蛋吃饭了！也希望身边的每个朋友都健康、开心，越来越美！未来的目标，继续跟着Lulu践行轻断食，让大家一起逆生长！

## 57岁也能告别高血压和慢性疾病

作者：姜晓英　年龄：57岁　职业：退休

我是姜晓英，今年57岁，已退休。对于轻断食的收获和体会，我的分享分为四个部分。

第一部分：2018年6月开始接触心乐轻断食。到这期为止，共参加了4期，累计断食50天。退休后的生活需要重新调整，儿子建议我，不要忙着参加其他社会活动，在家先好好调养一下自己的身体，于是我报名参加了心乐轻断食初级班。在为期10天的学习结束后，我在不吃降压药的情况下，血压值恢复到正常水平，维持了一周的时间。

尝到了轻断食的甜头，我继续参加轻断食课程，再次停服了降压药并一直维持到现在，高压110、低压80左右。原来的心悸也得到疗愈，由过去的每分钟心跳在95次上下，恢复到现在每分钟心跳74次左右。也就是说，在不吃药的情况下，我的高血压和心悸都得到了好转，而且现在的血压值比吃降压药时还好。这完全颠覆了原有的医生们所言"降压药吃上就不能停，降压药要服用终生"的定论。

第二部分：通过轻断食，我患了6年的慢性泌尿系统感染得到了疗愈。2017年9月的体检报告尿液分析中的亚硝酸盐、红细胞、白细胞都呈阳性，白细胞还有3个加号，证明尿液检查这三项指标都是不正常的。这几年来断断续续地进行过多次治疗，吃药就好，停药就不正常。这个可能也是老年妇女的常见慢性病。

2018年8月，我又进行了一年一度的体检。我的尿液分析报告显示，上面提到的亚硝酸盐、白细胞、红细胞全部呈阴性。也就是说，在没有任何药物治疗的干预下，我的尿液三项指标完全恢复了正常。到目前为止，我不吃任何药物，健康状况良好，真令我欣慰。

第三部分：在进阶轻断食过程中，我曾患上感冒——嗓子疼，多痰，夜里吐痰十几次，严重到影响睡眠。减食第3天，夜里吐痰缩至2次，第4天嗓子已经完全不疼了。在没吃药的情况下，仅仅是减食，感冒就痊愈了。

以前的我是一个很不愿意做饭的人，现在我把每一份沙拉都当作一件艺术品去欣赏，而且拍照分享给亲人和朋友，真是乐趣无穷。

第四部分：还有一个收获，2018年6月到2019年1月，我的体重从63公斤减到55公斤，让我又找回了年轻时才有的美丽与自信。

通过7个月与心乐的接触，我非常非常地爱她们。一起为轻断食事业付出辛勤劳动和汗水，不仅疗愈好了我的疾病，还给我带来了无比的幸福和快乐。感恩！

## 一位护士重拾自信的故事

作者：梁悦　年龄：30岁　职业：护士

大家好！我是梁悦，梁山伯的梁，喜悦的悦。很好记，梁悦倒过来念，就是"月亮"呀！

小时候的我，经常被爸爸妈妈要求在家里复习功课，不能和小朋友玩耍，不能看电视。在写字台前度过了童年的我，多么希望得到大人的夸奖。长大后记得有一次和朋友坐地铁，被前面的人踩了一脚，我立马向人家道歉。朋友惊讶地问："为什么你要道歉呀，是他踩到了你耶！"这就是曾经的我，内向，不够自信，不敢说，不敢做。

长大后爱上瑜伽，这是一个在嘈杂的社会中唯一能和自己独处的时光。和朋友一起练习的间隙，机缘巧合听到朋友分享的故事——通过LuLu老师的轻断食方法，她从一个小胖子变成身材匀称的瑜伽老师，她先生从急性糖尿病酮症酸中毒蜕变成不再依赖胰岛素并且一步步完成减重、完全改变生活习惯以及工作收入翻一番。

不知道为什么，我总觉得这个LuLu能帮到我，但是个性使然，当时的我并没有大胆地开口去询问。之后的一段时间，我开始关注素食，关注轻断食。网络上包括朋友圈里的各种方法，看上去都如神药一般，无所不能。但是众多的商品，让我望而却步，吃的东西还是谨慎一些，不敢随意断了接地气的食物只吃那些指定售卖的商品。直到有一天，我从朋友圈的推文里看到心乐厨房的文章。终于，我找到了！

兴奋的我立马联系了工作人员，得知不需要买什么特定的商品来代替平时的食物，食材全是外面可以自己买到的食物，而且可以网上听课，可以随时重听，并且有老师随时可以答疑，看上去很安全。从事医疗护理行业的我清楚地知道，断食可不是随便能断的，不同的休质要采用不同的食物和方法，有一定的危险性。了解清楚后，我立马报名参加了初级课程。

那时正是蜜月期间，询问后得知，只要可以找到新鲜的蔬菜水果，就可以解决食材的问题。于是全程坚持老师要求的全食、悦性、生食、有机原则，坚持了21天，眼睛清澈发光，皮肤白了一个色号，痘痘不见身影，每天开心得蹦蹦跳跳。

轻断食并不是什么都不吃，而是有选择地吃。我们的身体本身就有自愈功能，就好比骨折矫正后骨骼会自己愈合、感冒不吃药7天后会自己恢复一样。但是，现在的我们每天摄入了太多的添加剂、农药，身体每天要应对这些而无暇为自己解决健康的问题。所以我们定期轻断食，吃一些有能量的食物，避免添加剂，避免农药，让身体好好休息，有时间来发现自己的问题并集中精力去解决。自己算了一笔账，有机的东西虽然贵，但是比药便宜。把家里的所有调味料都换成有机的，也就是平时饭店里一顿饭的开销。平时不间断的各种零食、奶茶和外卖的费用，远远要比有机饮食昂贵。既能让自己变白变瘦变快乐，又能省钱，何乐而不为！

新婚的我开始轻断食，先生一开始颇有微词："好好的肉不吃，怎么有力气？""老婆吃糙米饭，先生吃白米饭，一人一碗，这个饭怎么烧呀？""大冬天的吃生的蔬菜沙拉，你不冷吗？""早上用破壁机打糊糊吃，牙齿用来干啥的呀？你看这人一天天瘦下来，瞎折腾个啥，我要告诉丈母娘去！"

就这样，我们的小小战争时不时上演。刚开始接触轻断食的我认为，那些整天胡吃海喝的人，简直没救了。啥都能通过轻断食改善！一开始我极力要说服先生，强迫他和我一起吃糙米饭，喝糊糊，喝冷的果蔬汁，吃生菜沙拉。但是现在我明白了，这个是心态的问题，每个人都有自己的选择，做好自己，不用强迫他人，家人要的是你健康快乐，哪怕每天都吃生的蔬菜沙拉，不吃肉，只要你健康，就可以了。当我渐渐尝试沟通，渐渐尝试接纳，我和先生的关系缓和了起来。

现在的我，每次做轻食餐，会邀请他一起品尝，不管他接受与不接受，都不会影响我的心情与想法。我也会陪先生一起去外面吃他爱吃的东西。后来的肝胆排石，连柠檬汁都是先生帮忙榨的呢。自从坚持了每周一轻断食，以前一圈一圈的小腹一直都在我的掌握之中，不管平时怎么吃，想要它瘦就瘦，想放任就放任。减肥算什么，都在自己的筷子下。

参加了两次初级课程后，我加入了进阶课程，尝试了中间的两天液断，惊喜地发现，不吃东西，喝一些液体，不仅没有低血糖走不动路，反而思路更加清晰，心情更加愉悦。没有了添加剂等食物的负担，身上的一些问题渐渐得到了改善。比如甲状腺结节，自从发现开始，就以每年0.5厘米的速度在长大，但是这次体检，不仅没有长大，反而缩小了一些；舌头的齿痕消失了，不再每天早上都是厚厚的舌苔；口气没有了，吃完甜食不反酸了；还有自制力也不同了，不管在饮食上还是生活中，都可以静下心来和自己对话，一切的选择更理智了。

2018年底尝试了肝胆排石。经过21天的准备，喝了一些促进排石的柠檬汁及石消散后，并没有排出明显的大大的石头。当时有些失落，但是渐渐地发现身体有些变化。首先是我的乳房，曾经有好多增生，月经期前会明显胀痛，但是现在这种症状居然消失了。还有平时面部以及头发出油的情况也得到了改善，不需要每天洗头，皮肤从油性变成了中性。性格方面，我开始学会说出心中的想法，开始有效沟通。我可爱的同事们，从一开始觉得不一起喝奶茶就是不合群，到现在主动戒奶茶，感冒了或者肚子不舒服了会想到今天少吃点，让身体休息一下。

渐渐地，我在改变；渐渐地，我的家人在改变；渐渐地，身边的人都在改变。

这就是我的故事，一个小仙女在心乐厨房的养成记！

## 轻松告别情绪病

作者：崔晶　年龄：32 岁　职业：轻断食指导师

接触轻断食之前，正是我生命中异常低迷的一段时期，敏感、焦虑、人际关系紧张、工作学习不顺，甚至一度进入了抑郁症的状态，每日浑浑噩噩，感觉活着的每一刻都是折磨。

偶然的一天，看到关注已久的 Lulu 老师在社交网站上发布的一张她的轻断食学员对比照和一些心得文字。具体的文字我已经记不清了，只记得这位学员在轻断食后外表、心情与之前都大不相同，照片中那双经过轻断食后明亮的眼睛也深深吸引了我。当下我便决定也要试一试这神奇的方法，即便不能对我的情绪有帮助，能减轻一些体重也是好的。

实在是庆幸于当时的决定，7 天的轻断食就像一把崭新的钥匙，打开了我人生的另一扇门。可能这样说会让人觉得过于夸张，但是有些事情真的需要亲身尝试才能感同身受。有时候想解决一些问题——健康也好，情绪也罢，其实并没有我们想象的那么复杂。

轻断食让我明白了身体和情绪出现问题的真正原因——过多、过杂的饮食，未被正视和处理的情绪，过去的一些经历等等都会积累在身体中，而我们又从来不知道如何去清理，甚至连清理的意识都没有，当我们的身心再没有空间容纳这些之后，它们就会以各种疾病、情绪等形式爆发出来。

7天的轻断食，我吃简单疗愈的食物，做清理情绪的练习，读正向喜悦的文字，生活变得简单而自然，心也越来越轻松，过去想不通的事情如今看来也渐渐通透。复食过后，我迷上了这样简单快乐的饮食和生活，用悦性的食材填满我的厨房，听那些充满能量的音乐，阳光一点点回到我的生命中。忽然发现生活中其实充满了美好，只要我们"擦亮"了眼睛就能真正看到它们，这一切都是那么自然地发生着！真的是应了那句心乐厨房的口号——"返璞归真、悦己乐心"！

轻断食让我明白，生命的每一种经历都是我们自身所造就的。无论健康还是疾病，痛苦抑或快乐，顺境还是逆境，对于我们来说都可能是一次提升的机会！就像我自己，如果没有当时的痛苦，又如何能够认识Lulu老师，如何学习到轻断食这么简单快乐的法门，如何看到更加广阔的生命意义呢！

## 再见，30年的皮肤病

作者：韩亦暖　年龄：32岁　职业：电气研发

我1987年出生，打从记事起，就一直深受各种皮肤病困扰，全身的湿疹以及脸上常年不断的红红的痘痘、粉刺。尝试了医院药膏、民间土方、动植物药品外敷等等，又买、又吃、又拉的我整个人都快虚脱了……我的前30年就在一场场与皮肤病顽强的对抗中度过了。那原本是我最最美好的青春岁月啊，只可惜痛苦悲伤多过快乐。

在遇到轻断食之前，我先接触的是辟谷。

2016年一个朋友跟我说了她去辟谷的经历。辟谷这个词第一次走进我的世界，我很好奇，在网上开始搜索相关资料，想看看辟谷能不能治疗我的皮肤疾病，后来开始关注断食、生食、素食，从公众号上看到了Lulu老师的轻断食代餐的介绍文章，开始尝试轻断食。

因为之前我已经对断食有了一些了解，也尝试过几天不吃饭只喝水，所以对轻断食这个概念没有害怕，也没有担心吃不饱。当时报名参加了第一期的14天轻断食，每天三餐吃袋鼠王，打卡称体重。

第一次做轻断食，我脸上的痘痘比轻断食之前冒得还要多些。当时其实我有怀疑是不是这个方法也不适合我（那人生才真的是绝望啊）。后来轻断食结束后，我惊喜地发现，原来轻断食期间冒出的痘痘全都慢慢消退了，而且好几天都没再长！

紧接着参加第二期轻断食，我的皮肤越来越细腻了，痘痘越来越少了，体重由原来的55公斤减到46公斤，堪称记忆中最轻的体重了……

后来，我又自己轻断食了几次，皮肤每一次都有好的变化，也经历了几次排毒的现象，比如手背上长红疹，脚面上也长了像湿疹一样的疹子。因为有了第一次轻断食痘痘加重的经验，我知道我的皮肤是在排毒，便没有任何担心，反而看到身体有变化很开心。我完全相信我的身体，相信它在慢慢变好。

不仅仅皮肤得到了疗愈，我的内心也开始有了变化，那是一种难以言表的喜悦。你们肯定无法想象当我看到痘痘逐渐消退的那一刻，看到整个冬季过去了湿疹没有再来的那一刻，我的内心几乎要飞起来了。

原来这些困扰我多年的顽疾，就真的这样经由轻断食痊愈了。

如果疾病不被疗愈，一个人真的很难从中走出来。现在我不仅逐步疗愈了我的皮肤，从轻断食中收获的还有：

能够轻松度过生理期，原本生理期的头痛、胸部刺痛、两腿发酸、胀气的问题不药而愈；

我也不知道为啥，我从小到大的晕车好了，跟近几年开始吃素应该也有一定的关系；

体质增强了，感冒、流鼻涕、嗓子疼不会想着去吃药，轻断食两三天轻松恢复健康；

体能改善了，我现在每天跑步，就一种感觉，停不下来，身体棒棒哒；

轻断食后轻松控制体重，想胖就胖，想瘦就瘦，这是多少女生梦寐以求的技能；

每天心中充满了无限的喜悦，知道生活原来可以更好的，体重是可以自己掌控的，疾病是可以通过营养均衡和轻断食来疗愈的。

读了姜医生的《这样吃最健康》后知道自己该吃什么，不该吃什么，知道吃素对身体好，买东西学会看配料表，尽量选择有机无添加的健康食品。因为食物就是最好的药物，厨房就是最好的诊所，身体就是最好的医生。我们的身体原来是有自我疗愈能力的，但我们把这个强大的功能遗忘了，以至于只要有不舒服，就急着奔医院，不会想到外部表现出来的问题其实是身体内部出现异常拉响的警报，而事实证明身体的自愈力可以通过轻断食来唤醒。也许你还不懂轻断食，但这完全不妨碍你去体验，相信一定会带给你物超所值的收获。

愿我的分享能够给那些还在受皮肤病或者其他慢性疾病折磨的人们带来福音。

## 告别经前综合征

作者：黄卉　年龄：45岁　职业：自由职业

课程前两天好奇、激动、紧张，各种念头呈现，真正体验后还是很美妙的。可能跟食素有关，没有太强烈的反应，只是感觉两腿稍有些酥软没劲。跟随课程及助教们的指导认真进行、体会，越到后面几天感觉身体越轻盈，脑袋越清醒，真是前所未有的那种美好，那种轻快！语言好像都无法准确地表达，真的是谁断食谁知道!

在轻断食中带着好奇和觉察去探索身体所需,用心倾听身体的声音,及时满足它的需要,感受到身体出现的各种状况都是长期的生活、饮食习惯或情绪的结果。

我的改变:

月经改善:以前月经一直提前,量少色重,夜间几乎没有;每每经前一周,双乳便胀痛不能碰;经期头疼,疼得不能晃头不能大声说话,稍有噪声都会受不了,只能静静地躺着。轻断食期间没有任何征兆地来了月经,是第几天忘记了,量多色红。这之后,虽仍是提前,但经前征兆消失,经量和颜色都很好。持续时间不像断食前第二天就基本没了,现在都是差不多7天干净,而且夜间经量也较之前多了。经前双乳胀疼和经期头疼的现象完全没有了!

湿疹改善:轻断食后到现在没有再犯。

体力改善:断食前出去玩,我是不会主动去爬山的,因为会觉得累,气不够用似的。断食后爬山变成很享受的事,偶尔电梯停电,爬13楼很轻松,都不带喘的。先生后边气喘吁吁叫我等他。

减重大约5公斤,更能掌控自己的情绪,不太容易被外面的情绪影响。

生活方式大有改善,改变了许多之前的认知。学习到食物也是有性格的、属性相近的搭在一起、越简单身体才会吸收得更完全等等。对食物更加热情满满!

体内进行一场断舍离后的大改观:断食后容易静下来觉察自己想要什么;放下对"不需要、不应该"的执念;学会选择不要什么,不做什么,包括食物,其实是学会了舍弃,不会舍弃就没办法聚焦,更不会有获得。

我觉得轻断食的更高境界其实是选择的智慧。

我认为:食物的背后其实不是营养,而是能量。我们吃的食物最终要转化成我们身体的一部分，悦性饮食让人安静、喜悦。养成良好的生活习惯，早起为家人准备早餐，吃得简单，身体容易吸收，才能掌控自己的情绪，不被外面的情绪影响。就这样开启美好的一天，多好呀！

## 轻断食让我告别了三高，还治好了小狗的抑郁症

作者：姜艳峰　年龄：41岁　职业：美容师、纹绣师

我是一位从业20多年的资深美容专家，年轻的时候身材非常苗条，来广州后可能水土不服，加上遇到家事及多年的手术后服药经历，导致自己越来越胖。花了很长时间健身，接触了高科技的溶脂等美容技术，都没有达到自己预期的目标。客户也好奇，自己是一位美容师，为什么不能帮自己解决问题呢？

随着工作压力越来越大和陪客户吃饭，出现了三高。当时血压值高达168，医生建议吃降压药，但我出院后就把药扔了。到家后开始素食，跟着Lulu老师轻断食后，现在三高全消失了。体验课程后，发现自己变化挺大的，我的轻微抑郁症也改善了，员工发现我一个星期不吃饭还可以这么开心，感到特别好奇。减重也很明显，一个星期瘦了3.5公斤，而如果用我的美容知识来尝试瘦3.5公斤的话，可能花好几十万都未必能成功。所以我越来越爱轻断食，紧跟着Lulu老师进行进阶轻断食，体重回到了20岁时的轻盈状态，太神奇啦！体验了整个轻断食过程，让我学会了如何培养正确的生活态度和生活方式，学会了根据身体状态选择食物。

回想起当时，我还带着家里的成员阿富（一只可爱的狗狗）一起轻断食。公公去世前把阿富交给我照顾，但因主人去世，它伤心了很久，也不愿意跟家里的乌龟打交道。刚开始就是给它餐前加一份新鲜的蔬菜或水果，没想到小家伙超级爱吃（有咨询过动物医生并获认可），后来食量逐步慢慢减小，两个多月后，一天的食量减到了原来的一半。过了3个月，它的体重减轻了3公斤，现在体重一

直保持在4公斤左右。更重要的是它的情绪有了很大的改变：原来整天自己追自己的尾巴咬（原地打圈圈），尾巴基本都是血淋淋的，每次带它去洗澡还会想要咬帮它洗澡的姑娘；轻断食后一切都改变了，再也不追咬自己的尾巴，每次洗澡都很听话。不久后给它做了一个体检，结果医生看了它的体检数据都不相信它已经十六七岁了。感恩Lulu老师！感恩轻断食！让我们一家每天都很开心快乐！

## 再见，荨麻疹和过敏性鼻炎！

作者：春春　年龄：34岁　职业：曾为外企市场经理，现自由职业，瑜伽老师/独立咨询师

　　大家好，我叫春春，是一名瑜伽老师兼独立咨询师。2012年9月参加了Lulu老师家的心乐下午茶，进门就被欢乐的音乐和笑容满脸的厨娘惊艳到了，看见满墙的瓶瓶罐罐，简直就是一个食物实验室。在她的音乐带领下静心，品尝精致的纯素点心，从此生活中多了一个分享正能量的小太阳。

　　2015年末突然患了间歇性荨麻疹，每天晚上六点到八点定时发作；十多年的过敏性鼻炎也加重了，每天不停地打喷嚏，正常的生活受到很大影响。我从小就抗拒药物治疗，笃信自然疗法，实在无奈去医院看了医生之后，医生也只是建议让我自己寻找生活环境中的过敏源。我决心从自己身上找原因，无意中想起了Lulu老师朋友圈的轻断食分享，抱着死马当活马医的心态，决定要尝试。

　　2016年4月，参加了10天线上的轻断食课程。在课程前期已经调整自己的饮食两周，把晚餐换成了沙拉，希望在课程开始之后能够更好地适应。没想到两周的准备期竟然减重4公斤，这使我意识到原来改变饮食对一个人的身体会产生这么神奇的变化。接下来充满觉知地进入了10天的轻断食旅程，低温人参粉和营养代餐成了我的好伙伴，整个过程中感觉特别自然，身体非但没有任何饥饿或不适，精神和专注力也有所提升。课程结束后保持清净的饮食，困扰多年的过敏性

症状，在6月的某一天神奇地消失了。到8月份，循序渐进成功瘦身15公斤，重新回到了10多年前上大学时候的身形。期间也自然萌发了要深入学习瑜伽的想法，清净的饮食加上瑜伽的锻炼让我的身体年龄从33岁回到了18岁，马甲线和锁骨都自然显露出来。

不以健康为目的的减重是不可持续的。轻断食的目标不应仅仅停留在减重之上，而应该是获得真正的健康。充分觉察身体的感受，放下和食欲的对抗，每一餐保持有觉知的进食，顺应自己的身体，感受身体对食物的反馈。你若能调整意识真正去体验轻断食，就能发现身体的智慧并恢复身体的自愈力。

"七分靠吃，三分靠练"是不破的真理，建立良好的饮食习惯和健康的生活方式，其实远比高强度的身体锻炼要好。我的先生之后也跟着我一起健康饮食，不仅逆转了突然被诊断出的糖尿病，还在两个月的时间内成功减重近25公斤。当时医生说我先生一辈子都要打胰岛素，我们听了非常担心，回家后确定要轻断食，每天三餐代餐和低温人参粉。第一天出院按照医生吩咐打了胰岛素，第二天准备打胰岛素的时候已测出低血糖了，证明他的胰岛功能已经恢复了，第三天他再也不需要打胰岛素了，血糖从37.2恢复到正常。坚持了一个月轻断食，每天测血糖都是正常值。

我们全家都成了轻断食和轻食的终身实践者。我想说，希望每个人都能允许自己有一次机会来体验轻断食，你一定会获得比想象的更多，获得你想在这个世界上看到的改变。

## 告别莫名的晕倒症和顽固性湿疹！

作者：珊珊　年龄：27岁　职业：多媒体运营

晕！读书时期突然晕倒在操场上、教室里和地铁里的经历让我和家人都十分担忧。每次晕倒后被送去医院做各种检查都查不出什么来，晕来晕去已经八个年头了还没找到出路！每次回家，妈妈都给我熬中药，然后我还带着药煲和药方到大学宿舍自己熬药。脑海里一直记得这一口酸涩的中药，之后放到发霉都没煮完。

没想到这种莫名的晕倒症可以通过改变饮食结构和断食疗法痊愈！当时在Lulu老师课程的带领下，我也有强烈的排毒反应，在她面前也晕倒过。不过这种感觉和以前的完全不一样，我可以真切地感受到整个晕的过程，再也不像以前直接倒地，而是每一分每一秒都全然地觉知自己的身体。我从Lulu老师那里学会了当我们身体出现问题的时候，我们都应该往内找原因，我们要学会跟身体道歉，而不是抱怨。只要我们能够找到我们身体不适的原因，从此改过，那么我们就可以彻底消灭生病的因，果就不会结。

第二个让人烦恼的事情就是每年春天都要到访的湿疹！全身都起满了红疹！真的好讨厌，好讨厌！很痒很疼很不舒服！后来参加完Lulu老师的初级及中级液体断食后，这个每年春天都来的朋友就不辞而别了。说实话，我真不想念它！学会了定期液体断食后，我再也没看到这个春天的老朋友到访，本来满脸青春痘的我突然变得面如脱壳鸡蛋般滑嫩（当然，我这个年纪本来就应该拥有如此漂亮的皮肤）！

轻断食（包括液体断食）把我从两个生命的大坑里拯救出来，所以我爱上了它！轻断食成了我一辈子不可离开的挚友。随着在心乐厨房工作和跟随在Lulu老师身边，我的厨艺也是日渐飙升！以前虽然我很喜欢做吃的，但是因为厨艺太差，很多时候连自己都吃不下！过了几年后，我做的沙拉已经成为心乐厨房的Signature Dish（签名菜），荣选Lulu老师出品的各期菜谱！而且我的菜从好看到真正的好吃，连Lulu老师都称赞我（如果不好吃的话，她也会直接说的，所以这证明我是真的进步了很多）！

轻断食除了让我告别了严重的亚健康，让我皮肤变好和身材苗条以外，其实它带给我更多的是一种内在的力量，就像Lulu老师经常提到的："断食，锻炼的不是身体，不是肚子，而是我们的思维模式——我们的心智。"所以很多人会误解轻断食真正的意义所在，以为它只是一种高效的减肥法。当然它也是，不过它是more than that（超越这件事）！如果你从来不去尝试，你不会相信我说的：轻断食（包括液体断食）让我的内心逐渐铸造了强大的信念！真的！我本来是一个很不自信的人，不过当我通过持续的断食练习不断腾出内在的空间后，我发现我的生活变得更多元化，更灿烂。它很像一把万能钥匙，帮我解开（几乎）所有问题之锁。

我自己本身很喜欢素食，轻断食后我的身体就更自然地靠近植物性饮食。这种现象在我们的课堂上随处可见，感觉好像许多人（不敢说所有）天生的本能就是喜欢靠近植物性饮食，因为它赋予我们更高的能量与智慧。

最后我想告诉即将要尝试轻断食的朋友们，你们在过程中可能会遇到很多不可控的事情，如果心态处于负面状态，只会给身体带来负能量。所以我建议找到Lulu老师的歌单，随着音乐起舞吧！不适的感觉不会持续的！咬紧牙关走到山顶，你就会看到极美的风景了！

## 轻断食激发男性原始的力量！

作者：张杰　年龄：30岁　职业：电影导演

我是张杰，Lulu老师的爱人，同时也是事业上的伙伴。在认识Lulu老师之前，我是一名电影副导演，曾跟随姜文导演拍摄电影《一步之遥》，也曾参与华谊兄弟、英皇电影联合出品的电影《罗曼蒂克消亡史》的拍摄。三年多剧组中昼夜和饮食都没有规律的生活，让我的健康受到了严重的损害。我的体重从75公斤增长到了85公斤上下。最胖的时候，我连弯腰系鞋带都会感到吃力，因为肚子太大了！伴随着肥胖而来的还有"变懒""反应迟钝"等问题。我记得最后一个戏拍完，我看着镜子里好像已经"人到中年"的自己（实际上才26岁），感觉自己的人生失败透了。我下定决心要改变！于是我开始尝试素食、长跑和健身等，可是体重在降到80公斤左右的时候就遇到了瓶颈，再也减不下去了。当时我以为也许余生都只能做一个可爱的胖胖的暖男了，一直到遇见Lulu。关于我们之间的故事，其实够写一部爱情电影了（大家热切地期待着吧），不过今天的主角是"断食"，所以爱情戏的部分留到以后我的书里或者我的电影里再讲。

然而我的第一次断食却又绕不开爱情，因为当时就是为了追求她，我才被动接受了第一次高强度的断食挑战。我的"第一次"就很刺激火辣，因为我直接挑战了7天的液体断食（她为了测试我的诚心，下手非常"狠"）。我记得到了大概第3天中午的时候，我的排毒反应非常严重，头晕目眩，情绪暴躁不安，已经想放弃了。当时Lulu出差不在上海，我发信息给她说我不想继续了，我已经受不了了。我内心渴望得到的回复是："加油哦，再坚持一下吧！"但是实际的回复是："随便你，这是你的身体，你自己的事。"这个回复简直就是刺痛了我的大脑中枢神经，激发了男人的原始斗志！于是我立马放下手上的工作——睡了一个下午。我记得睡醒的时候我好像突然有种轻灵之感，觉得头脑和身体像是经历了一次洗涤，又好像是大病初愈一般。

晚上带着某种莫名的愉悦感去见一群北京来的朋友，看着他们大快朵颐，我丝毫没有想吃的欲望，反而觉得人类为什么要吃那么多东西呢？好愚蠢啊！就这样，我后面几天相对轻松了许多。所以我意识到，断食过程中有些阶段必须要有"过来人"指导，否则自己会害怕，会用错误的方式结束断食，那就前功尽弃了，甚至可能会伤身。我的第一次断食让我瘦了十几斤，亚健康状态也好转很多，而且这个体重维持了相当长的一段时间。在此后的两年中，我跟着Lulu吃健康的食物，并且周一轻断食。在这期间，我对断食也产生了兴趣，阅读了很多书籍，还拜访了道家的老师，想深入地了解其原理。不过越是学习，越发觉得断食深不可测，其中的道理真是学也学不完，讲也讲不尽，也许余生都要与之相随了！

我的第二次断食真可谓是轰轰烈烈，众目睽睽了！因为我选择了拍摄成21天全记录的Vlog（视频日记）发在网上，我把每日的体重变化、吃了什么、做了什么运动都用视频记录下来，并且用各种有趣的知识穿插其中，在网络上得到了很大反响，十几万人观看了我的视频，我过了一把当网红的瘾！在这次断食经历中，我有三天处于液体断食状态，也就是只喝米汤或者水，不进食任何固体食物，而嘴巴里却始终有一种刚吃饱饭的那种唾液的味道，肚子里也觉得气很充足，一点都不觉得饿。这种神奇的体验恐怕只有经历过的人才懂！所以我说轻断食改变了我的世界观，让我重新审视之前所接受的种种营养学知识，让我知道我对人体，甚至对这个世界还如此无知。所以我决心在未来的人生中都会将断食当成我的一个研究、学习、发扬和分享的对象，跟Lulu老师一起让这个简单易行的好东西惠及更多人，让世界上更多家庭可以在生病的时候不是先去药店买药，而是通过减少进食以及断食来疗愈自己。

"是药三分毒"，这是个不争的事实，我们何必非要用毒来克毒呢？希望有幸读到此篇文章的你不要轻易相信我，也不要完全不相信，而是抱着开放的态度，决定尝试一下，相信你一定能有所收获，而你的收获也许与我不同，甚至超过我的体验。当神奇发生的时候，不要忘记告诉我和Lulu，也不要忘记把这么美好的事物介绍给更多朋友，让健康来得更简单、更直接！

## 学会轻断食，摆脱产后腰痛好轻松！

作者：木雀　年龄：31 岁　职业：轻断食导师

Hello，大家好，我是心乐厨房轻断食课程指导师木雀，在此特别荣幸地与大家分享我在Lulu老师指导下的轻断食经历。我成为心乐厨房的轻断食导师，也是因为我自己有最真切的体验。我是Lulu老师所创办的轻断食体系的第一批受益者，我跟随Lulu老师学习的时间应该也是最久的，因为我是她的第一位助理，我同样也是一个终生受轻断食庇护与祝福的人。希望你看到我的经历后，对心乐厨房的轻断食教育有更深刻的理解与更坚定的信心。

我是一位理科生，所以我们直接进入主题了。我通过轻断食（包括液体断食）改善的问题如下：便秘、气虚、产后腰痛、体重和皮肤。

　　轻断食后最明显的改变是在便秘、气虚和产后腰痛方面。我第一次做轻断食时竟然10天都没有排便！那时候平时也大概是2~3天1次，经过长期练习轻断食，现在已经变成每日都排便，有时候每天的排便次数可能达到2~3次。当我生完孩子之后，身体消耗得很厉害，说话都费劲，力不从心，气虚症状非常明显。后来我听从Lulu老师的指导做补气的轻断食法，4天后那种说话都觉得费劲、力不从心的感觉就没有了！这时，我才真正地开始意识到，配合一些超级食材来轻断食，对身体调整的意义有多大！

　　后来，因月子期间太喜欢抱孩子而有了产后腰痛的症状，我连续2个月做Lulu老师教授的液体断食（强度高一点的轻断食），产后腰痛就被疗愈了。虽然之后有时候对身体不太注意后（比如连续熬夜、久坐）偶尔也会腰痛，但是我只要做液体断食就会好啦！轻断食能如此缓解我的产后腰痛，已经让我特别高兴啦！毕竟很多人都对我说，产后腰痛是治不好的。还有的说要再生一个孩子，把月子做好才能痊愈。

　　轻断食在外在上给了我很大的改变，虽然这个不是我原来追求的。客观上来说，我是一个比较容易胖的人，只要不怎么运动，吃得多些，一个月长5公斤肉都算少的。不难想象当我步入中年后大腹婆的体形。幸好在2014年10月，我遇到了Lulu老师，遇到了她所提倡的轻断食！从此之后，我的体重再也没有逐年上升。我以前皮肤特别容易干，而且秋冬全身都喜欢掉皮屑，也不怎么白。后来经过多次的轻断食练习，我的皮肤到秋冬掉皮的现象逐年改善，最终消失了，而且越来越嫩，还白了几个色号。

　　如果说起轻断食对我的改变，我最想分享的其实是我内在的改变。在接触到轻断食之前，我是一个人前表现乐观、人后容易忧郁的人，害怕表达真实的自己，也克制自己的很多欲望，整体来讲是一个比较偏压抑自己、不自信甚至有点自卑的人。但在别人看来，我很乐观积极，对人温和，喜欢旅游，喜欢太极，有点超脱于世的意味，经常看的也是中医书和国学经典，似乎与世无争。但其实自我内在的矛盾一直存在，也不知道该怎么处理，只能经常看国学经典来说服自己。

直到轻断食后，我才开始了解到真实的自己是什么样子。我看到自己有很多的欲望，也看到自己总是习惯退让后面的委屈与懦弱，也发现被他人骂后也想直接说脏话的自己，照见到自己的攻击性……意识到的那一刻，我才感觉到自己对自己的忽视，才真正与真实的自己拥抱在一起！当时我对于怎么解决这些内在的冲突其实是没有解决方法的，于是开始纠结，但是这样的纠结是一种关爱自我的纠结，所以不会让我觉得很烦闷，相反心底有种喜悦感涌现出来。

轻断食对我内在改变的另一个方面是让我学会了勇敢表达自己，让我更有同理心，更容易产生共情，更容易体谅别人，更容易明白和我相处的人到底想表达什么，从而避免了很多误解和争吵，看到了更多的美好，也让我更能体会自己真实的存在！液体断食后思维会更清晰，工作效率会更高，听英文歌也会发现更能听懂它的歌词，还能启发自己对生活其他方面的兴趣……这些都能在轻断食中体会到。

愿轻断食能成为你生命中的一部分，给你带来健康、幸福与喜悦。Soha！

## 15 个亚健康症状一网打尽！

作者：Betty 年龄：45 岁 职业：平面设计师、轻断食辅导员

我有很多"老友"——感冒咳嗽、扁桃体炎导致发烧、贫血低血压、单纯疱疹、痛经、多囊卵巢症、盆腔炎、肺大泡手术、反复的神经性皮炎、胃炎、慢性咽炎、飞蚊症、偏头疼、口腔溃疡、颈椎病……

家里有药库，主要有四大箱子：感冒咳嗽药、肚痛退烧药、清创消毒药、跌打镇痛药。病历用一整个抽屉来装。

我把自己活成了一个表面看上去很正常的"亚健康综合体"。

在这期间，还有妇女病——痛经，体质一直属血瘀，得过盆腔积水，医生还

说赶紧生孩子就不痛经了。想要生孩子的时候，发现患上了多囊卵巢综合征，花了近三年的时间调整内分泌，每天记录体温、吃中药及激素药，后来工作忙，同事们天天都会见到一位送药的老母亲。吃激素有很多副作用，头晕恶心、身体发热、胃疼、整天晕乎乎、情绪失调。后来证明生了孩子还是痛。产后暴肥——终于生了小孩，哺乳期吃食物已经不需要理会什么美味和享受，每天就是各种海塞。儿子6个月断奶时，我体重75公斤，腰围34寸，H形身材。肥胖，最痛苦的根本不是外形，而是膝关节痛、腰椎及骨盆痛、走路大腿内侧磨破皮、泡澡后起身难、吃饭时要把胸部放在桌子边上歇一会儿、整体沉重、疲倦乏力等。

后来交了一大笔钱给减肥中心，一天三顿不吃饭吃凝胶，做呼吸功，往死里整的腹部按摩。三天之后出现幻觉，败下阵来。

2016年初，国内年轻的素食传播界，刮起了一股"轻断食"风潮。我参加了Lulu老师的21天轻断食——

每天听课；

每天按时吃代餐、喝指定饮品；

进食变慢，每一口都仔细咀嚼；

每天称体重；

喝很多水（我平时不爱喝水）；

坚持运动；

按时睡觉；

关注呼吸；

感受身体的反应和变化；

收拾家居；

…………

## 21 天里，我的身体发生了什么变化?

减重，大约减了 3.5 公斤。

其间发生的排毒症状：

扁桃体发炎；

爆痘；

湿疹发作；

肝区痛；

脚弓骨折旧患处发痛；

呼吸沉重；

月经血块及痛经；

情绪起伏等等。

一年半内多次轻断食挑战后，身体的变化：

经常性的扁桃体发炎消失；

不再长暗疮；

每次轻断食之后皮肤异常光滑；

每年的过敏皮炎不再复发；

胃变得安静了；

排便非常顺畅；

月经周期正常了；

痛经基本消失。

内在的变化：

吃食物的幸福感增强；

味觉变灵敏；

专注力、耐力强化；

情绪控制力强化。

如果你也愿意相信这本书的所有（虽然我不建议大家盲目地相信，但我觉得你应该去尝试一下），那么你若有任何我这些症状甚至更糟糕的问题，你都不用害怕，通过持续的练习，你会随着每一顿饭感受到自己内在的变化。这些内在的变化也会显化成不同的外在变化，你不仅变得更健康，而且变得更苗条更美，皮肤更好（Lulu老师将这些称为"不值一提的副作用"，但是大部分人都很需要这些副作用）！

愿你能与我们结伴同行，成为心乐厨房体系的轻断食追随者，让这种简单高效的轻断食方法伴随你一生，让你的厨房成为你家的医院，让你的冰箱变成你有效可靠而且便宜的药箱！

祝福大家！ Soha！

## 一个肿瘤科医生全身心的排毒历程
作者：Winnie　年龄：33岁　职业：三甲医院医生

大家好！我在美丽的海口给大家送来温暖的问候，很高兴在这里跟大家分享我的食疗经历。

我跟大多数的现代上班族一样，工作后，由于压力大，工作累，经常会找机会在外面吃吃喝喝。心里觉得"干活累了，就是要对自己好一点"，所以就以吃很多的荤食、甜食来犒劳自己。体重就在这样一次又一次的所谓的对自己好中，慢慢地增长了很多，抵抗力也下降了，表现出很多亚健康的症状。

然后我就开始琢磨怎么减肥。我每天吃进去和之前一样的东西，偶尔大吃大喝，但是身体却在慢慢长胖，说明什么？我曾经以为这说明我年龄大了，基础代谢率下降，不像上大学的时候，那么能吃但是还不胖。但后来我发现，不是这样。这是说明我身体的排毒能力已经大大降低，这是身体对我的强烈警告。于是我开始亲身尝试各种又费钱，又费时间，又辛苦的减肥方法。

我曾经试过去健身房请专业的私人教练，做专业的肌肉训练，举铁，练器械，流汗。那个经历确实很辛苦，每天流很多的汗水，然后经历肌肉的酸痛。虽然有效果，但是结束之后反弹也很快，因为我的饮食观没有得到改变。我还试了很多保健品，不合适，价钱也不便宜。还试过酵素、大麦若叶青汁，这两样只是会让我的大便变得通畅，减重上其实效果甚微。我试过夜跑，或者是在家跟着运动App做健身，每次1到2个小时，也没有什么效果。我把我所遇见的，费钱的，费时间的，这些减肥的方法都一一验证了，发现没有适合自己的。走了很多弯路以后呢，我遇见了真正适合我的减肥方式，那就是轻断食+悦性饮食。下面我详细说一下这个经历。

也许巴厘岛真的是地球上一个很神奇的地方，我到巴厘岛的第一天，就开启了我的悦性饮食之旅。每天自助早餐，我刻意吃了很多新鲜的蔬菜水果、植物的种子和叶子，做蛋奶素。然后我一整天都是活力满满，排便也很通畅，时间也很固定。而我的婆婆，她吃了火腿肠和培根。我跟她说了这些食物添加剂太多，不要吃，她不听。结果她旅游那段时间，经常睡不好，也觉得累。那段时间我的身体的状态跟原来不太一样。怎么说呢？以前去泰国玩，每天都吃好多好吃的，心里满足了，但是肚子胀胀的，排泄也不太好。每天都觉得"不是在吃，就是在吃的路上"。等到回家以后，排泄才慢慢变得正常。这次在巴厘岛就不一样，每天早上吃很多的蔬菜、瓜果、植物的种子和叶子，还注重吃的顺序，先吃蔬果，再吃碳水或是蛋白质。这样我每天早餐后都会按时排泄。身体轻松，精神也很好，玩一整天下来也不觉得累。自由行的时候，每天晚上10点半睡觉，早上6点半自然醒，晨起还在酒店的花园里散步，看海景，呼吸晨雾，感觉很惬意。以前在酒店吃自助的早餐总会吃得很撑，肚子就会胀很久，这次自助早餐吃得也很撑（自己都没注意到自己的贪念），但是以素食为主，所以身体很轻松，也不觉得腹胀很久。这就是悦性饮食给我带来的变化。

再讲一讲我心灵的变化。从巴厘岛回来，是在香港转机。以前去香港，总是不断地扫护肤品、奶粉，最后囤了很多，用不完过期，心累。这次去，懂得了断舍离，没有买任何的护肤品，但是一直在找有机食品超市。我在逛诚品书店的时候，在它里面偶遇了一家小的有机超市，买到了一些有机食品，挺开心的。所以悦性饮食改变了我的欲望。我从巴厘岛回来后，戒了我以前最爱的蛋糕，这是人造的高糖高脂的食物，对身体和情绪极其不好。有时候欲望真的很神奇，像我以前喜欢外食，那个就是欲望在作祟，它就像海浪一样，一波一波的。这次的欲望袭来，好，我忍住了，欲望在第二天下去。但过了几天，它还会再次袭来，我还是要再次面对欲望。也许有一天，我扛不住欲望的来袭，去吃外食了，欲望满足后，得到的是后悔——自己又吃了那么多，那么不健康。但是很神奇的是，在学习、实践、感悟悦性饮食后，我对十高糖高脂的甜食的欲望消失了。我不再主动去买很多蛋糕、慕斯之类补偿自己、满足自己。我变得喜欢断舍离。这是目前悦性饮食给我带来的改变。

我看过一些讲轻断食的书，看完后知道轻断食真的对身体太好了，它可以激活人体的自愈力。我当时迫不及待地想开始实践，于是自己做了一次。那一天我吃得很少，只摄入了500卡能量。我吃了水煮的青菜和鸡蛋，然后一整天人很不适应。轻断食结束后，人变得很虚，比较怕冷，而且无力。后来我吃了点黄芪、山药，慢慢才缓解。于是我陷入了一种苦恼（误解）——轻断食虽然很好，但是实践起来不好操作。

后来我遇到了袋鼠王。袋鼠王就是为了轻断食而产生的一个代餐。它营养丰富，能量很高，但是热量很低。如果一整天吃三餐袋鼠王的话，它的热量也就在500到600卡之间。这就为我的轻断食提供了一个很好的工具。就这样，我通过用袋鼠王做轻断食，还吃生食的沙拉，作为悦性饮食，大概用了三个多月的时间，瘦了14公斤，腰围减了13厘米。我现在的体重已经回到我上大一时候的水平，而且能很好地保持住，因为我现在每周会有一到两天用袋鼠王做轻断食。

减重之后的收获是什么呢？先说说身体的改变。首先当我瘦了5公斤的时候，我心里是很开心的，但是周围的人都没有看出来。我瘦了10公斤的时候呢，周围的人都看出来我瘦了，但那个时候呢我的兴奋点已经过了。再然后，就是我所有的衣服，特别是裤子，大了很多，我都要拿去改腰头。很多人都说我瘦了那么多，可以再去买新的衣服啊。我其实也可以买新的，但是，由于有断舍离的想法，感觉裤子能穿就可以继续穿。减重之后的第二个收获就是抵抗力增强了，体力和精神的状态也变好了，不容易累，情绪更稳定。在遇到我的工作对象烦躁焦急的时候，我能用我的耐心好好地跟他们说。

开启心乐的初级课程，我踏上了21天的有机、生机、全素、悦性饮食之旅——这个可是线上系统教学，不是看看书就能领悟到的。坚持完21天的生食沙拉之后，我婆婆看到我，说感觉我人变白了，皮肤净透了很多。我觉得也是，因为排出了很多毒素。

在我的心乐排毒之旅中，我出现了肝区的隐痛。我为这个事情担心了很久，因为肝区隐痛反复出现好几个月。在担心的过程中，我还思考了死亡的问题（因为怕得了肝脏恶性疾病），做了死亡的冥想与思考。直到我鼓起勇气，去做了肝脏的彩超，检查结果提示一切都是正常的，我才放下心来。这是在排毒过程中给我的意外收获，算是彩蛋了。

在参加初级的课程中，心乐老师告诉我，肝区隐痛是排毒反应，需要热敷。这时我想到开班前居然意外地决定买了盐袋热敷包，和课程中老师提到的一样，感叹这是大宇宙在帮助我。我将热敷包敷在肝区，还泡脚，出了好多汗，知道这是在排出毒素。我反复看了《这样吃最健康》里关于生食的那篇文章，提到肝区疼痛是排毒反应，感觉安心很多，后来肝区疼痛有所缓解。我在心乐厨房的课程这条路上，越走越深。

食疗之旅给我带来的第二个惊喜，是我的生理期变得很规律，30天或31天一次。本人在初潮之后，生理期一直不规律，周期为35到45天，查性腺的指标也不正常，还去看过妇科的西医和中医，吃西药做人工周期，还吃过中药调理，一直反反复复，每每想起，总是很发愁。之前做轻断食，我只是想减肥，后来瘦了，就想排毒、改善亚健康，没想到，在轻断食后，生理期变得非常规律。生理期那几天也不累，这是通过自然疗法才能达到的疗效。我之前通过中医、西医看病折腾了那么久，还花了不少医药费，都没能调理好的内分泌，通过轻断食，意外调理好了。真的很感恩！

后来我又付费上了初级的复训。我收获最大的是第2次复训。那一次正好Lulu老师的先生加入了，他把他自己的21天轻断食过程拍摄了下来，我跟着做了。其中还有一小段液体断食的过程。我还偷偷挑战了一下，感觉就是初次液体断食的时候，人比较容易头晕，我还失手摔坏了家里的康宁锅盖，至今想起还心疼不已。现在我已经是液体断食的老手了，没有太多的感觉，知道饿了、头晕了、身体痛了怎么处理。这一切都是后面上心乐中级课程和肝胆净化课程时学会的。

心乐厨房的课程不只是教你怎么吃，还有很大一部分是心灵成长的课程和情绪管理的课程。其实现代人很需要这些，只是很多人还不知道怎么做。我学到之后也在实践中。一个人的健康分四个部分：饮食、作息、运动、情绪。当你的饮食能做到100分的时候，其他只做到20分，其实健康状态也是不及格的，所以要四个方面同时维护。这些在心乐厨房的课程中都会学到。

师父领进门，修行靠个人。学习到的课程如果不去实践，那是不会有收获的，所以做一个行动派，成为厨房里的修行者吧！净化自己，改善家人健康。

# 特别收录：细说食物与身体

文 | Yantara Jiro

## 食物含有能量

非常荣幸能够和大家连结来分享今天的主题，希望大家在聆听的时候可以把心敞开。这个内容有些抽象，能量和频率我们触碰不到，但却是感受得到的，所以大家先要理解：你的身体、器官和细胞都是一种能量、一种振动频率的表现。把身体看成振动频率的一种表现，就能更好地理解我想分享的内容，并能更深入地融入断食课程的内容里。

说到能量食物与身体的密切关系，我们首先要理解，食物的确是有能量的，它们有自己的频率，就像收音机有不同的频道一样，食物也有不同的频道。每一种食物都有不同的能量，不同的振动频率。那么，究竟我们怎样才能知道这个食物是否适合自己目前的身体状态呢？

## 影响食物能量的因素

我们除了要理解食物是有能量的，还要理解准备食物的过程也会影响食物本身的能量。这个食物是在什么地方种的，用什么样的水灌溉的，大自然的环境好不好，空气有没有污染，什么人去种植它以及制作食物的人的心态、情绪状态、念头等等都会影响到食物能量的蓝图。食物从被采摘、运输、进入超市到进入厨房被烹饪等等会经历一定的路程，在这些过程中，食物会像海绵一样一直去吸收周围的信息。当它来到你面前的时候已经经历了一段很长的旅程，吸收了很多不同的信息。

特别说明一下，当别人为你准备、烹饪食物的时候，这个人的念头、情绪状态等等会影响到你将要吃的食物，这是非常重要的。但是更重要的是你——吃食物的人。如果你在吃的时候或吃之前已经对这个食物产生怀疑，对它没有安全感或者不知道该不该吃，那就代表这个食物在频率上和你不一定是吻合的，它不一定适合你。

假如你的频率（状态）和食物的频率在这个当下不适合，你吃了这个食物之后或在吃的过程中就会感觉有些不舒服。这种不舒服的感觉可能会在你的肉体上马上浮现出来，你会感到除了味道不怎么样以外还应该马上停止去吃。又或者你吃了某种食物之后肚子会有奇怪的感觉，让你没有安全感。当这种不安全的感觉浮现的时候，请不要排斥它，这是你的身体想要和你沟通。

## 对食物的信念

这种吃过某些食物后身体出现反应的情况可能来自你对食物的一种信念（你怎么看待这个食物）。比如你的信念告诉你："吃A这种食物对你的身体是肯定不好的，吃B这种食物对你来说肯定是非常好的。"有了这样的分别心（对食物的信念），你身体的振动频率就会调整到适应那些你认为好的食物的频率，身体就会更加接受那些食物；而对于另外一些你认为对你不好的食物，在吃了之后一定会出现一些问题。

举例来说明上述内容：你听到别人说"吃油炸的食物对身体不好"，但是如果你没有这样的信念系统，那你吃了很多油炸的食物就不一定会有一些问题，当然也有可能会出现一些情况，但是与相信"吃油炸的食物会出现很多问题"的人相比，你肯定会少很多反应。这是因为你没有这样的一个信念系统，并且在你的内心里面你对那个食物真的完全没有负面的感觉。

就像一些抽烟的人一样，有些人抽烟抽了八十年，活了一百岁都没有出现癌症或是身体上的问题，但这不代表他的肺不会变黑，只是说他的身体没有出现一些让他不能在这个地球健康运作的问题。但是还有些人一抽烟，可能五年之内就发现自己得了癌症，因为他周围的信息或他的信念告诉他："抽烟肯定会导致一些负面的状况浮现出来。"

虽然"信念"是一个不容易抓（理解）的东西，但是它对于我们和食物的沟通、交流是非常重要的。所以我想问问大家：你对食物的信念是什么？你相信什么食物对你更好，什么食物对你不好呢？观察一下自己的这些信念，你有没有发现对于某些食物自己以前吃的时候没事，但是当你听某人说"这个食物对你不好"之后会发现——"是哦，我吃了这个食物身体会开始出现一些反应。"这是不是从你的信念系统里面调出来的呢？

## 信念会影响食物的能量

有时候大家在一起聚餐吃东西，有些人会说："这个食物不好，吃下去与你的振动频率不是很适合。"其实在这个当下，这句话是那个人说给自己听的，但是你听到这句话之后，可能会受到影响。我自己就有这样的经验，我相信大家也有。比如我吃苦瓜或地瓜叶的时候，我妈就会说苦瓜不能吃太多，吃太多身体会太凉，地瓜叶也不能多吃，吃太多会脚软。我知道她其实是关心我，但是不代表她的信念系统符合我目前的状态和身体。可能在这个当下我的身体告诉我："你的身体燥热了，你应该去吃一点苦瓜、吃一点地瓜叶等等。"这是身体引导我进行的选择，所以在这个当下，其实我的身体需要这些食物，不是说我这样吃之后肯定会对我的身体不好。

一群朋友一起吃东西的时候，你可能认为自己吃得很健康，其他人对食物的选择是不健康的，但是在他们的眼里并不代表那样吃是不健康的，当然并不能排除他们在吃的时候是以"缺乏"的心态来选择食物的。我们在每一个当下，每一种情况下，要看适不适合去分享我们的这种想法。如果别人和我们分享他对食物选择上的疑惑，比如说"这个食物到底健康不健康，我最近在减肥，我想要排毒……"你就可以趁这个机会，以你的观念去分享自己的看法，但是你要和他说这是你的想法，对于你的身体、你的能量来说这个食物是吻合的。这个很重要。

每个人身体的振动频率和能量都不一样，所以没有一种食物是完全可以针对所有人的。有些人喜欢喝饮料，他一辈子都是喝饮料、茶或咖啡，不喝白开水。有些人会说你只喝饮料，身体肯定会有问题。但这不一定，真的是不一定，没有一个这样的百分之百肯定的事情，因为每个人身体的能量状态在每一个当下都是变化的，唯一能够真正知道的是我们的身体，是我们内在对身体的一种带领。

## 当下的选择

我们要在每一个当下跟自己的身体沟通。当我们学会如何与身体对话，身体就会帮助我们选择食物。我以前和大家分享过，在我开始吃饭之前，我会和我的身体介绍今天要吃的是什么。我坐在食物面前，向我的身体介绍面前的各种食物。当我在跟身体分享的时候，它会给我一种内在的反应，类似"请多吃一点这个，少吃一点那个"。如果诚心地（不要在头脑层面去想）把专注力带到我的心里，我会听到身体在告诉我一些信息。如果我听身体的话，接受它的带领，我也信任内在的这种反应和回应，我的消化就会变得很好。

不同的人对同样的食物会有不同的反应，这和振动频率、能量的吻合度在哪里是很有关系的。为什么有些人在吃饭前会祈祷，其实他是在祝福这个食物，他在调频——把这个食物的频率调到与身体当下的频率相吻合。这样他在吃的时候，身体就能将这个食物（也就是信息）以非常和谐的方式来和我们的身体合二为一，吃的食物进入身体进行分解之后就会成为他的身体的一部分。无论是食物、水、空气等等，都是如此。它们的信息会和你身体构造的信息合并在一起。

虽然你吃什么和食物的振动频率很有关系，但是最重要的是你的振动频率——你身体目前的状态和它现在需要什么，这个是最重要的。不一定你认为好的食物（比如这个食物能量非常高）现在吃对你肯定就是好的，主要看你的身体目前是什么状态。比如说一个人说他需要力量，他要吃米饭，这样他会获得很多力量。但是如果这个人在生病，他的身体正在排毒，他可能只应该喝粥或米汤，因为在这个当下他的身体比较适合粥或米汤。如果现在给他吃米饭，他的身体就需要运用更多的能量去消化米饭，而他现在需要的恰恰是保存力量，他不想用身体仅剩的力量去消化米饭。所以说，需要力量时，并不是一定要吃米饭，要看身体这个当下真正需要的是什么，以这个当下的情况来调整你的食物。要知道你的身体每天都在变，你需要的食物每天都不一样。

如果你看中医的话，每次中医都会查看你的身体情况，经过一段时间的调理，中医会说"你的药可以换了"，这是因为你身体的频率、你的脉象、你的能量、你的气已经变了，变得更好了，"所以你不需要再吃这个版本的药了，我要换另一副更适合你目前状态的药"。

## 聆听身体的声音

请大家留意，你的身体由能量组成，你是一个能量体，你所吃的食物也含有能量，食物的能量跟你的身体配不配，需要看你每一个当下的情况。当然人不一定每天都有非常大的变化，除非他的身体在紧急的危机状态下才会比较不稳定。如果你的身体在比较稳定的状态下，那你每天的变化不会很大，但是也会微微有一些不同，所以你才会每天想吃不同的东西。每一天你的情绪状态、念头、睡眠、休息、水分摄入、周围的环境等也会稍微有变化，而你的身体很聪明，它会呈现不同的状态来帮助你选择目前需要补充的能量和食物。

我还想和大家分享的是，当你在选择食物的时候，不要单单用头脑去选，你要问自己的身体，开始慢慢地学习如何去听身体内在的回应。

　　而且在你觉得吃这个食物对你不好的时候，你不一定要到处去跟大家分享，特别是在别人没有问你的时候，这样的分享反而会让别人反感。你也不希望当你正在吃你觉得很健康的食物的时候，你的朋友或其他人跟你说："你怎么吃这样的食物，好可怜。"虽然对你来说这样吃已经很足够了，但是听到这样的一句话还是会影响你的情绪状态，一旦影响到你的情绪状态，你的身体可能马上觉得"可能真的有点不够，应该多吃一点"，这时"缺乏"的念头就会浮现出来。

　　你不希望别人对你这样说，所以你也不要这样去对别人说。如此，他们就可以享受对你来说"不健康"的食物，你也可以享受所谓对你"健康"的食物，这样能量就会非常平稳。

## 分享总结

　　•食物是有能量、有频率的，从种下种子到周围的环境、水及种植者、厨师准备的过程等都是很重要的，但是最重要的是吃食物的那个人当前的频率和状态。

　　•不同的人对同样的食物有不同的反应，这是因为每个人的频率都不同。

　　•我们要注意自己对食物有没有一些特别的信念，你认为什么食物好，什么食物不好，这个信念是我们自己的个人信念，不能作为大众的信念。但是如果这个信念传播给很多人，大家也都相信，那就是集体的信念。

## 互动问答

### 当不在状态时吃任何食物都不管用怎么办？

　　其实状态可以从不同的角度去理解，你可以把它理解成不开心或身体不舒服的状态，在你跟你身体的幸福安康没有调到一致的时候，你吃什么都不管用。为什么？因为这时我们在用行为来代替我们缺乏的情绪，就像一个人在不开心的时候会去找些特别的食物来吃，因为他无法跳脱他脑海里负面念头的循环，他希望用食物里面的成分来帮助自己的脑袋突破目前的情绪状态。

在这个当下，我建议，如果你不开心的话，不要用食物来代替"开心"的状态，可以散步、听音乐、做一些伸展运动或者去亲近大自然，这样对你的身体会更有帮助。如果在这个当下真的没办法，就是想吃一些东西的话，你可以在吃之前去感恩你面前的食物，感谢它来到你的生命，祝福它，跟它说希望当它进入你身体的时候能真正帮你的身体调频，这样就可以了。

当身体心灵内外混乱时，选择断食可以得到清理吗？这是什么原理呢？

我们的身体、心灵为什么会混乱呢？这是因为我们接收到太多的信息（所谓信息，是指通过声音、光、呼吸、水、阅读等接收到的。生活中所有的东西，无论是你触碰得到的还是无形的，都是信息）。

我们人每天都在消化信息。刚才和大家分享，食物从种子种下到被放在饭桌的过程一直都在吸收信息，你吃的时候食物包含的信息会完全融合在你的身体里面。如果你的内在处于"缺乏""匮乏""需要"的状态，那你就会一直狂抓所谓的信息，这样身体中就会累积太多信息，身体无法全部消化它们，如此你身体的网络就会阻塞。

断食能够帮助你排掉一些不需要的信息，帮助身体恢复足够的力量去消化以前消化不了的信息，这样你的身体就会重新开始运作。大家平时是还没有消化就又把信息塞进去，身体消化、分解、吸收的速度不如你吃进去的速度快，久了之后身体中就会很杂、很脏、很乱，接着就会影响你的情绪、念头、心智等等。

如何解释通过断食能开启身体与食物的连接状态？

如果身体中有很多食物（信息），而且非常杂乱的时候，我们就会觉得比较沉重，感觉很不通畅，这样我们的敏感度——细腻的那种感觉就会消失。当我们没有那么敏感的时候，周围对我们身体或身体从内在回应给我们的一些感觉就会被排斥掉或被误解，因为过多的信息在我们体内封闭了沟通的通道，这些路线被阻塞了。

当身体开始排毒，进行断食清理的时候，这些通道会重新被打通，沟通的路线会恢复畅通，你就会对身体的感觉、对食物越来越敏感，你的五感会重新活起来，更细腻地活起来，这样你就更加能听到身体跟你说的话。

总之，你的身体越干净，身体和你沟通的通道就会越通畅，你就会更容易听到你的身体在和你说什么。

Yantara Jiro，新加坡华人，心灵歌者，量子音药与意识的探索者。

他毕生致力于量子音药、意识提升与自我发展，在音药与量子疗愈方面有超过15年的经验。其中有13年更是积极地活动于全世界，做过4000多个个案，接触超过10万人。

他是一位高知分子，在活血检测、量子热疗学和显微营养学领域获得Nu Life Sciences（新生命科学中心）下属的Quest 4 Health Academy（健康探索专科学院）的认证。

# 让自己变精神的沙发运动

|更多锻炼建议，见本书 P087、P088、P089、P160|

21 天冥想打卡表

| DAY 1 | DAY 2 | DAY 3 | DAY 4 | DAY 5 | DAY 6 | DAY 7 |
| --- | --- | --- | --- | --- | --- | --- |
| DAY 8 | DAY 9 | DAY 10 | DAY 11 | DAY 12 | DAY 13 | DAY 14 |
| DAY 15 | DAY 16 | DAY 17 | DAY 18 | DAY 19 | DAY 20 | DAY 21 |

# 正向心理学练习

心乐 | 轻断食疗愈课程
**DAY 1**

– 今天让我开心的事

_____

_____

– 今天我学习了

_____

_____

– 今天让我感恩感激的事

_____

_____

– 明天我会做

_____

_____

在轻断食期间，你可以每天做这个练习，不知不觉你就会发现你的幸福感在飙升！

致
谢

　　本书得以成功出版，真的要感谢许多人。首先要感谢的是姜淑惠医生，是她的书——《这样吃最健康》点燃了我对食物及断食一发不可收拾的热情！当然，已故的甲田光雄医生的著作也对我影响深远，在此也对他送上我的谢意与敬意！

　　感谢我的团队成员——卓玛、慧辉、木雀、珊珊和晶晶，是她们协助我把整个轻断食的线上社群与课程体系搭建起来。她们对我极富耐心与温柔，这些年来我们各展所长，共同为推进中国的轻断食教育而努力！感谢我们的学员，感谢他们对我所教授内容的坚信以及实践的恒心，他们用亲身经历印证了前人的智慧总结！

　　我还想感谢我的家人，感谢我父母多年来如此反对我的饮食方式，不断以"反对"的形式激励着我"打不死"的意志！有一句英文说得好："What doesn't kill you makes you stronger!"（"但凡没有击垮你的，都会令你更强大！"）人生确实如此！所以我真的非常感激我的父母！在此，还要感谢我两位学医的姐姐，她们分享给我很多中西医专业知识和临床经验，使我获益匪浅！

　　我要感谢我挚爱的先生，我们因轻断食而相识！一直以来，他对我所做的这份事业时刻表示着百分之一百的支持！他的支持不仅仅停留在言语上，更落实在行动中，他用真诚的行动，以身作则地向全世界展示出一个极佳的榜样！感谢我的大儿子花生（张开心），他从小被我当作轻断食的"试验品"，用自己强健的体魄证明妈妈的饮食理念是可行的！感恩我肚子里的二宝，允许我在孕期完成本书！

感谢我不辞劳苦的编辑，用耐心与爱心修改我的"港普"，在"喷血"与"想轻生"之间找到个中乐趣，使得本书以内地读者能够理解的形式面世！感谢出版社的支持配合及用心制作，将本书以最佳状态呈现出来！

最后，感谢天地万物的大爱，时刻滋养着我们的身心。愿我们都能回归大自然的怀抱，永续健康的生活与生态！

陈春仪（Lulu C.）

2019年8月18日于广州

免
责
声
明

本书所述皆为我个人的经验，不能代替医生的医疗知识及对个别疾病的治疗方针。预防及医治疾病，完全有赖于医生及病人两方面的积极配合。病人的配合全在生活里，本书可作指引。

读者如有断食的需要，特别是患病的读者，必须找有经验的轻断食导师量身定制轻断食流程并给予安全的监督与建议。

鉴于医学知识日新月异，养生知识无穷无尽，加上笔者个人经验和写作能力有限，本书谅必存有不足之处，将来也必有更新之需，敬请各同业、专家、学者和读者批评赐教。我谨此向你们致以衷心的感谢。